电子与信息作战丛书

创造全新现实
从自动编码器、对抗网络到深度伪造

Generating a New Reality
From Autoencoders and Adversarial Networks to Deepfakes

〔加〕迈克尔·兰纳姆（Micheal Lanham） 著
江刚武　魏祥坡　张贝贝　麻顺顺　译

科学出版社
北京

图字：01-2023-0819 号

内 容 简 介

本书从深度学习的基础理论开始，由浅入深，逐渐过渡到生成式建模的技术和应用。本书涵盖主题广泛，技术复杂，但尽量以实用示例和浅显语言对技术细节进行阐述。建议读者掌握 Python 编程和应用数据科学的基本知识，包括微积分中典型的基础数学知识、线性代数和数据科学中常用的统计学等，以方便理解本书内容。

本书可作为计算机科学与技术、软件工程、网络安全、大数据科学与技术及相关专业的工程技术人员、管理人员的参考书，也可作为相关专业高年级本科生、研究生的教学科研用书。

First published in English under the title
Generating a New Reality: From Autoencoders and Adversarial Networks to Deepfakes
by Micheal Lanham

Copyright © Micheal Lanham, 2021

This edition has been translated and published under licence from
APress Media, LLC, part of Springer Nature.

图书在版编目（CIP）数据

创造全新现实：从自动编码器、对抗网络到深度伪造 /（加）迈克尔·兰纳姆（Micheal Lanham）著．江刚武等译．-- 北京：科学出版社，2025. 9.（电子与信息作战丛书）．-- ISBN 978-7-03-081481-4

Ⅰ．TP181

中国国家版本馆CIP数据核字第2025171RV7号

责任编辑：张艳芬 李 娜 / 责任校对：崔向琳
责任印制：师艳茹 / 封面设计：无极书装

科学出版社 出版

北京东黄城根北街 16 号
邮政编码：100717
http://www.sciencep.com

北京中科印刷有限公司印刷
科学出版社发行 各地新华书店经销

*

2025 年 9 月第 一 版　开本：720×1000　1/16
2025 年 9 月第一次印刷　印张：14 1/2
字数：292 000

定价：190.00 元
（如有印装质量问题，我社负责调换）

"电子与信息作战丛书"编委会

顾　　问：孙　聪　　刘永坚　　李应红　　苏东林
　　　　　崔铁军　　邓龙江　　李燕东　　朱文峰
　　　　　陈　刚
主　　编：张　澎
秘书长：戴春亮　　魏英杰
副主编：傅盛杰　　赵雷鸣　　李君哲
编　　委：刘　波　　陈颖超　　刘永祥　　张怀根
　　　　　谢春茂　　张成伟　　周　海　　艾俊强
　　　　　戴全辉　　王智勇　　苗金林　　徐利明
　　　　　曹　瞰　　许小剑　　周建江　　姜　文

"电子与信息作战丛书"序

21世纪是信息科学技术发生深刻变革的时代，电子与信息技术的迅猛发展和广泛应用，推动了武器装备的发展和作战方式的演变，促进了军事理论的创新和编制体制的变革，引发了新的军事革命。电子与信息化作战最终将取代机械化作战，成为未来战争的基本形态。

火力、机动、信息是构成现代军队作战能力的核心要素，而信息能力已成为衡量作战能力高低的首要标志。信息能力，表现在信息的获取、处理、传输、利用和对抗等方面，通过信息优势的争夺和控制加以体现。信息优势，其实质是在获取敌方信息的同时阻止或迟滞敌方获取己方的情报，处于一种动态对抗的过程中，已成为争夺制空权、制海权、陆地控制权的前提，直接影响整个战争的进程和结局。信息优势的建立需要大量地运用具有电子与信息技术、新能源技术、新材料技术、航天航空技术、海洋技术等当代高新技术的新一代武器装备。

如何进一步推动我国电子与信息化作战的研究与发展？如何将电子与信息技术发展的新理论、新方法与新成果转化为新一代武器装备发展的新动力？如何抓住军事变革深刻发展变化的机遇，提升我国自主创新和可持续发展的能力？这些问题的解答都离不开我国国防科技工作者和工程技术人员的上下求索和艰辛付出。

"电子与信息作战丛书"是由设立于沈阳飞机设计研究所的隐身技术航空科技重点实验室与科学出版社在广泛征求专家意见的基础上，经过长期考察、反复论证之后组织出版的。这套丛书旨在传播和推广未来电子与信息作战技术重点发展领域，介绍国内外优秀的科研成果、学术著作，涉及信息感知与处理、先进探测技术、电子战与频谱战、目标特征减缩、雷达散射截面积测试与评估等多个方面。丛书力争起点高、内容新、导向性强，具有一定的原创性。

希望这套丛书的出版，能为我国国防科学技术的发展、创新和突破带来一些启迪和帮助。同时，欢迎广大读者提出好的建议，以促进和完善丛书的出版工作。

中国工程院院士

译 者 序

在人工智能和大数据时代,每个人每天都在自觉或不自觉地制造各类网络信息,也在接收各类网络信息的轮番轰炸,如朋友圈的生活感悟、微博里的所见所闻、知乎里的专业解答等。所有的这些内容或真实存在或道听途说,更有居心不良之人的恶意伪造。其实,伪造具有非常悠久的历史,最早可以追溯到普通照片的伪造和篡改。近年来随着人工智能技术的发展,以深度学习技术为基础的深度伪造视频已出现在网络空间,深刻影响着这个世界。

"假作真时真亦假,真作假时假亦真",网络空间开始出现很多真假难辨的人工智能生成内容。为了应对这种不良行为,切实加强对新技术、新应用、新业态的管理,我国于2023年1月10日起正式施行《互联网信息服务深度合成管理规定》(以下简称《规定》),《规定》对应用深度合成技术提供互联网信息服务制定了系统性、专门性规定,能够明确各类主体的信息安全义务,为促进深度合成服务规范的发展提供了有力的法律保障。

深度合成技术是指利用深度学习、虚拟现实等生成合成类算法制作文本、图像、音频、视频、虚拟场景等网络信息的技术。从技术发展的角度来说,深度合成技术经历了从自动编码器、生成对抗网络到深度伪造的发展历程。要想深入了解深度合成的工作原理,合理地利用深度合成技术造福人类,了解其中的技术方法是不可或缺的。

本书是一本全面介绍深度合成技术的著作,内容全面细致、知识由浅入深、理论联系实践,基本覆盖了深度合成的核心技术。原著作者兰纳姆是一位经验丰富的软件创新者,其在人工智能和机器学习领域开发出很多应用广泛的软件系统。译者希望能系统地将深度合成技术介绍给渴望新知识、有志在人工智能新时代中勇立潮头的朋友。

本书翻译分工如下:江刚武负责第1~3章,魏祥坡负责第4~6章,麻顺顺负责第7、8章,张贝贝负责第9、10章以及附录。全书由江刚武统稿。邱阳、慕中凯、柴飞鸿等学生在示例训练及国产化部署过程中付出了辛勤劳动与努力,译者在此表示感谢。本书的示例下载地址为 https://gitee.com/generatingnewreality/codefortraining。

由于译者的专业知识、语言能力和理论学术水平有限，书中难免存在不妥之处，敬请广大读者批评指正，译者的联系邮箱为 jianggw@163.com。

译　者

2025 年 6 月 10 日

原书前言

现在是一个信息极其丰富、数据快速扩充的数字时代,随着人工智能生成内容(artificial intelligence generated content,AIGC)技术的快速发展,人们所处的现实世界在数字魔术大师和人工智能从业者充满想象力的改造下,逐渐成为一个现实与虚拟并存、真实与伪造交织的数字世界。与此同时,人们非常讨厌的虚假新闻、虚假图片和虚假人物形象也不可避免地进入人们的现实生活中。对许多人来说,这些数字伪造的虚假信息所带来的感觉和困惑是令人非常不舒服的。但是,也有很多人正在积极主动地应对这些数字伪造带来的负面影响,并寻找和探索新的发展机会。

本书将深入研究驱动这种新型数字伪造现实的全新技术,这种技术在人工智能领域和机器学习领域的广义名称为生成式建模。其实,这就是一种人工智能和机器学习技术的具体表现形式,其目的不是进行目标识别分类或者用来预测未来趋势,而是用来生成可以描述具体事物的多媒体内容,如图形、图像或文字等。

生成式建模技术并不是一个全新的概念,而是从深度学习的具体应用中逐渐产生并发展的,目前已经成为人工智能领域的研究热点之一。生成式建模有很多主流应用,大部分应用都在充分展示这项技术的实用价值,但不可避免地存在一些反对的声音。生成式建模技术刚开始应用时,很多人对其产生的人造的、不真实的事物会产生一种真实存在但广为揣测的担忧,也有人非常讨厌生成式建模技术制作的任何东西。然而,将生成式建模技术进行合理利用,也可以帮助人们提高工作效率,进而惠及各行各业。

本书的主要内容如下:第 1 章重点介绍深度学习理论基础,主要包括深度学习、自动编码器的基本概念,以及如何使用 PyTorch 框架构建简单的模型,并通过示例对相关概念进行进一步阐述,为后续章节的学习奠定基础。第 2 章重点介绍生成式建模的概念,主要阐述生成对抗网络的基础知识,以及如何使用生成对抗网络来生成新的内容,并给出生成对抗网络在生成时装和人脸等方面的具体应用示例。第 3 章重点介绍隐藏空间的基本概念,并探讨如何通过调整超参数、损失函数和网络配置等手段来控制隐藏空间。第 4 章重点介绍生成对抗网络,主要探讨生成对抗网络的五种变体,以及在模型学习和生成内容方式等方面的关键差异,加深对生成对抗网络概念的理解和认识。第 5 章重点介绍图像到图像的内容生成技术,在详细分析生成对抗网络高级应用的基础上,通过理解图像变换原理来提高生成内容的质量，示例将使用各种强大的生成对抗网络模型，对配对图像和未配对图像之间的图像变换过程进行比对分析。第 6 章重点介绍残差生成对抗网络，将持续研究这一类网络模型的生成原理，以提高生成多样化和更接近真实事物特征的能力，本章中的生成对抗网络都使用残差网络，可以帮助识别和学习更加真实的事物特征。第 7 章重点介绍注意力机制，将自然语言处理领域广泛使用的注意力机制引入深度学习网络，以提供将相关特征和其他特征进行识别和映射的独特能力，示例结果展现出将注意力机制与生成对抗网络结合后的良好表现。第 8 章重点介绍高级生成器，深入探讨当前性能最佳的生成对抗网络，示例来自开源代码库，可以展示生成式建模在短时间内能够达到的非凡效果。第 9 章重点介绍深度伪造和换脸，详细阐述生成式建模在深度伪造方面的应用，示例描述基于开源桌面软件的深度伪造流程。第 10 章重点介绍深度伪造内容的检测，由创建深度伪造模型、深度伪造内容转向检测深度伪造内容，阐述目前正在开展的伪造内容检测技术和研究。将来，这些技术和工具可以帮助人们更好地接受数字现实以及理解什么是真实世界。

为了更好地理解书中内容，建议读者全面参与并认真完成书中的 40 个示例。所有的示例都可在 Google Colab 平台上进行测试和运行。有些示例可能需要几天的时间才能完成训练，但大部分示例可以在 1 小时内完成。

非常感谢读者抽出宝贵时间阅读本书，希望可以加深您对人工智能和机器学习专业知识的理解，并拓展您在这个领域的发展机会。当然，您所选择的这段学习旅程还是非常具有挑战性的，甚至可能会给您带来一定的挫折和困难。但是，当您第一次生成一张深度伪造的人脸图像时，肯定会感到非常惊奇，并对这项技术充满敬畏之心。

目 录

"电子与信息作战丛书"序
译者序
原书前言

第1章 深度学习基础 ·· 1
1.1 前提条件 ·· 1
1.2 感知器 ·· 3
1.3 多层感知器 ·· 10
    1.3.1 反向传播 ·· 11
    1.3.2 随机梯度下降法 ·· 12
1.4 PyTorch 和深度学习 ·· 13
1.5 回归分析 ·· 15
1.6 分类 ··· 19
    1.6.1 独热编码 ·· 20
    1.6.2 MNIST 手写数字数据集 ······························ 21
1.7 本章小结 ·· 24

第2章 生成式建模 ·· 25
2.1 基于自动编码器的无监督学习 ································ 25
2.2 利用卷积提取特征 ·· 30
2.3 卷积自动编码器 ··· 34
2.4 生成对抗网络 ·· 39
2.5 深度卷积生成对抗网络 ·· 44
2.6 本章小结 ·· 48

第3章 隐藏空间 ·· 49
3.1 深度学习原理 ·· 49
    3.1.1 函数拟合 ·· 50
    3.1.2 微积分的局限性 ·· 53
    3.1.3 爬山算法 ·· 53
    3.1.4 过拟合和欠拟合 ·· 56
3.2 变分自动编码器 ··· 60
3.3 数据分布学习 ·· 64

3.4　隐藏空间可视化 69
　　3.5　本章小结 72

第 4 章　生成对抗网络 73
　　4.1　特征理解和深度卷积生成对抗网络 73
　　4.2　生成对抗网络的数学基础 79
　　4.3　瓦氏生成对抗网络 81
　　4.4　边界搜索生成对抗网络 84
　　4.5　相对生成对抗网络 87
　　4.6　条件生成对抗网络 90
　　4.7　本章小结 93

第 5 章　图像到图像的内容生成 94
　　5.1　用 UNet 模型分割图像 94
　　5.2　用 Pix2Pix 转换图像 100
　　5.3　用 DualGAN 实现双向转换 105
　　5.4　用 BicycleGAN 控制隐藏空间 108
　　5.5　用 DiscoGAN 实现场景风格转换 111
　　5.6　本章小结 114

第 6 章　残差生成对抗网络 115
　　6.1　残差网络 115
　　6.2　利用 CycleGAN 实现再次循环 120
　　6.3　用 StarGAN 创建人脸 124
　　6.4　迁移学习的优势 128
　　6.5　用 SRGAN 提高生成图像分辨率 131
　　6.6　本章小结 134

第 7 章　注意力机制 135
　　7.1　注意力的基本概念 135
　　　　7.1.1　注意力的类型 137
　　　　7.1.2　应用注意力 139
　　7.2　用注意力增强卷积 142
　　7.3　利普希茨连续性 145
　　7.4　自注意力生成对抗网络 149
　　7.5　自注意力生成对抗网络的改进 152
　　7.6　本章小结 155

第8章 高级生成器 156
8.1 渐进式生成对抗网络 156
8.2 基于 StyleGAN2 的样式设计 160
8.2.1 映射网络 161
8.2.2 样式模块 162
8.2.3 弗雷歇初始距离 164
8.2.4 StyleGAN2 165
8.3 DeOldify 和新型 NoGAN 169
8.4 基于 ArtLine 的艺术表现 173
8.5 本章小结 176

第9章 深度伪造和换脸 177
9.1 换脸工具介绍 178
9.2 换脸数据的收集 181
9.3 深度伪造的工作流程 185
9.3.1 提取人脸 186
9.3.2 分类和删除人脸 188
9.3.3 重新调整对齐文件 190
9.4 换脸模型的训练 191
9.5 深度伪造视频的制作 193
9.6 本章小结 197

第10章 深度伪造内容的检测 198
10.1 人脸操作方法 199
10.2 伪造检测技术 201
10.2.1 手工提取的特征 201
10.2.2 基于学习的特征 202
10.2.3 伪造图像 204
10.3 识别深度伪造中的伪造内容 207
10.4 本章小结 208

附录A 本地运行 GoogleColab 210
附录B 打开笔记本 212
附录C 连接 GoogleDrive 并保存 213

第1章 深度学习基础

纵观历史，人类一直在努力弄清楚什么是现实世界以及现实世界意味着什么。无论是从原始狩猎采集者到古希腊哲学家所经历的漫长岁月，还是近代文艺复兴时期，人类对现实世界的理解和解释都是随着时间的推移而逐渐走向成熟的。在过去被认为是神秘主义的事物，现在许多已经被科学解释和定义。

十几年前，很多人认为，人类开始步入可以真正理解现实世界的正轨。可是现在，随着人工智能技术的飞速发展，人们每天仍然能看到很多新生事物在周围涌现，如 AlphaGo、ChatGPT、元宇宙、智能驾驶等，正是深度学习和神经网络使这些新生事物的涌现成为可能。

多年来，深度学习和神经网络一直位于计算机科学的前沿交叉领域，非常神秘。对许多人来说，深度学习的抽象概念和深奥数学原理也使人们望而却步。虽然主流科学界多年来一直在持续探索深度学习和神经网络，但在许多传统行业，它们仍然是研究的盲区。尽管存在很多技术上的障碍，但深度学习仍然成为 21 世纪人工智能和机器学习领域最具发展潜力的新兴研究热点。

本书将探讨深度学习和神经网络底层的工作方式，不仅要学习神经网络的内部工作原理及作用机理，还要介绍如何配置神经网络来生成自己的内容和现实，这部分要阐述在不同版本的深度学习内容生成中的具体方法，包括换脸、提升旧视频的质量以及创造全新现实。

本章首先从深度学习的基础知识开始，举例说明如何为典型的机器学习任务构建神经网络，进而研究深度学习如何对数据进行回归和分类，并在内部了解具体的深度学习过程。然后继续介绍神经网络如何通过卷积算法专门提取数据中的特征，并使用有监督的深度学习模型构建一个完整的图像分类器。本章具体内容主要包括前提条件、感知器、多层感知器、PyTorch 和深度学习、回归分析和分类等。

1.1 前提条件

尽管很多机器学习和深度学习的基本概念较为基础，但本书内容的深度还是远远超过深度学习的一般理解与学习的。要想通过深度学习网络成功地生成图像、文字等内容，最好能满足以下前提条件。

1. 数学基础

尽管在深度学习和生成式建模的实现过程中，大部分数学问题都将使用代码库进行处理，但读者仍然需要了解和使用以下数学知识：

(1) 线性代数，用于处理矩阵和方程组。

(2) 统计学和概率，理解如何描述统计工作和概率基本理论。

(3) 微积分，掌握微积分的基础原理，以及如何利用微积分来处理函数的变化率。

2. 编程知识

本书将用到 Python 编程语言的很多知识，如果不了解 Python 语言，一定要提前学习相关课程。此外，还需要仔细了解以下几个库：

(1) NumPy[①]。NumPy（读作"numb-pie"）是用于操作数组或张量的算法库，也是机器学习和深度学习的基础。

(2) PyTorch[②]。PyTorch 是一个开源的 Python 机器学习库，是本书中各个深度学习项目的基础。

(3) MatPlotLib[③]。MatPlotLib 是基础的图形库，本书中的大部分输出成果将会用到这个库，具体将通过大量示例来说明它的用法。

3. 数据科学和机器学习

数据科学和机器学习有助于人们了解机器学习中使用的统计方法，以及处理数据时需要注意的事项。

4. 计算机

本书中的所有示例都是在云端开发的，虽然可以在移动设备上使用，但还是建议使用计算机进行练习，以达到最佳效果。附录 A 提供了在本地计算机上设置和使用代码示例的说明。如果运行示例需要配备高级图形处理器（graphics processing unit，GPU），或者需要运行一个超过 12h 的示例，计算机的性能也是一个需要考虑的前提条件。

5. 时间

生成式建模通常非常耗时，本书中的有些示例可能需要数小时甚至数天的时

---

① NumPy 是 http://numpy.org 上的开源项目。

② PyTorch 是 http://pytorch.org 上的开源项目。

③ MatPlotLib 是与 Python 一起大量使用的开放源码包，可在网站 https://matplotlib.org 上获取。

间才能完成，需要耐心等待。

6. 开放学习

本书为读者提供了大部分示例和资料，也可以借助其他相关资料进行扩展学习。

虽然强烈建议读者具备上述前提条件，但是开放的心态和学习的意愿是最重要的，这也是提高学习效果的首要条件。

1.2 感 知 器

虽然存在一些争议，但大多数人都认识到，神经网络的灵感来源于大脑，更具体地说，是脑细胞或神经元。早在 1958 年，Rosenblatt 就开发了基本的感知器模型，后来人们对其进行了改进。图 1-1 给出了基于生物神经元的感知器模型[1]，图中 w_1、w_2、w_3 表示输入值的权重。后来，Minsky 等在其著作《感知器》中，对感知器进行了深入分析，并对其进行了苛刻的批评，特别是不能有效处理异或（XOR）这种简单的布尔逻辑问题[2]。尽管后来发现这些批评大多是毫无根据的，但在当时却直接导致神经网络研究的衰落，并引发了第一个人工智能寒冬。人工智能寒冬是指所有人工智能的研究和开发都被停止或搁置，这些寒冬通常是由一系列阻碍该领域有所进展的主要障碍带来的。第一个寒冬是 Minsky 等对感知器的批评，他们认为这是由不能解决异或问题造成的。目前，已经出现了两个人工智能寒冬，这些寒冬的具体日期有待商榷，可能会因具体学科的差异而有所不同。

或许正是这种与大脑的关联导致对感知器和深度学习的一些批评，使得这种关联增加了神经网络的神秘性和不确定性。然而，感知器本身只是一种数学连接模型，并且常常把这种机器学习理论称为联结主义。要说生物神经元与感知器模型有什么区别，应该是感知器模型只与神经元的连接方式类似，实际上也仅此而已。事实上，大脑神经元的功能要复杂得多，其工作原理与感知器完全不同。

再次分析图 1-1 中的感知器模型，进一步探究感知器是如何接收由方框表示的多个输入的。这些输入值乘以权重值（w_1、w_2、w_3），以加权方式调整下一阶段的输入强度。在此之前，还有另一个偏差输入，其值为 1.0，也可将其乘以另一个权重进行输入，偏差允许感知器抵消前面输入的结果。将所有输入值和偏差进行

---

[1] Rosenblatt F. The perceptron: A probabilistic model for information storage and organization in the brain[J]. Psychological Review, 1958, 65(6): 386-408.

[2] Minsky M, Papert S. Perceptrons: An Introduction to Computational Geometry[M]. Cambridge: The MIT Press, 1969.

加权,在求和函数中进行汇总,然后将求和函数的结果传递给激活函数。激活函数的目的是进一步缩放、挤压或切断要输出的值。下面通过练习 1-1 创建一个简单的感知器模型。

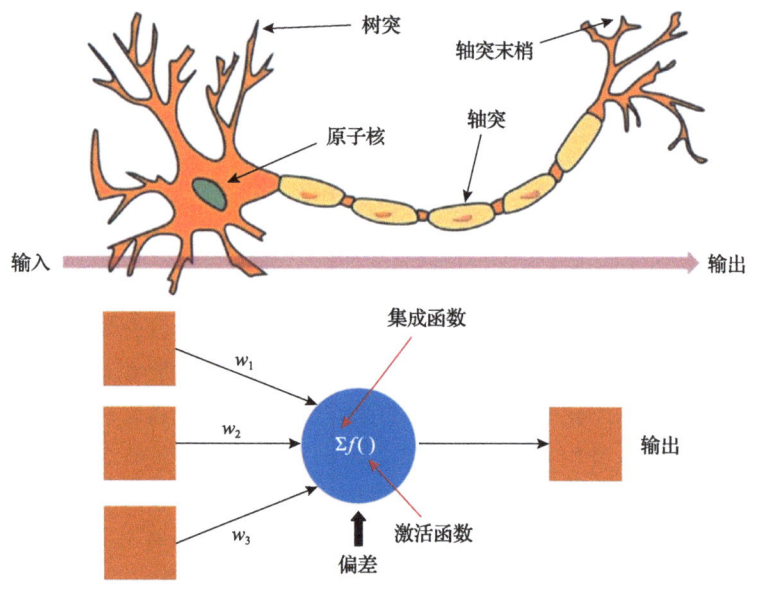

图 1-1 基于生物神经元的感知器模型

练习 1-1:创建感知器模型。

(1)打开 GitHub 网站上的 GEN_1_XOR_perceptron.ipynb 文件。如果您不确定如何访问源代码,请查看附录 B。

(2)在交互式笔记本的第一个代码块中,可以看到 NumPy 库和 MatPlotLib 库的一些导入,MatPlotLib 用于显示绘图。

```
Import numpy as np
Import matplotlib. pyplot as plt
```

(3)滚动到异或问题代码块,如下所示,这是设置数据的地方,这些数据由用来训练感知器的 X 值和 Y 值组成。X 值表示输入,Y 值表示期望输出,通常将 Y 称为标签或预期输出。使用 numpy.np 模块,通过 np.array 创建张量的输入列表。在 numpy.np 模块的底部,输出这些张量的形状。

```
X = np.array([[0,0],[0,1],[1,0],[1,1]])
Y = np.array([0,1,1,0])
print(X.shape)
print(Y.shape)
```

(4)在这个初始测试问题中,使用的值来自如下所示的异或逻辑真值表。

第 1 章　深度学习基础

输入		输出
X_1	X_2	Y
0	0	0
0	1	1
1	0	1
1	1	0

(5) 向下滚动并执行以下代码块。该代码块使用 matplotlib.plt 模块来输出同一真值表的三维表示，使用数组索引切片来显示 X 的第一列，然后是 Y，X 的最后一列作为第三维度。

```
fig = plt.figure()
ax = fig.add_subplot(111, projection='3d')
ax.scatter(X[:,0], Y, X[:,1], c='r', marker='o')
```

(6) 创建感知器的第一步是确定输入的数量，并为这些输入创建权重，该过程将通过以下代码来实现。在这段代码中，通过取 X.shape[1] 的第一个值来获得输入的数量，即 2。然后用 np.random.rand 随机初始化权重，并为输入添加偏差。回顾一下，偏差是感知器可以抵消函数的一种方式。

```
no_of_inputs = X.shape[1]
weights = np.random.rand(no_of_inputs + 1)
print(weights.shape)
```

(7) 权重初始化为随机值后，就有了一个有效的感知器，可以通过运行下一个代码块对感知器进行测试。在这个模块中，循环输入 X，并使用 np 的点积进行乘法和加法运算。此运算的结果即为感知器输出量的总和。这个代码块的输出还没有任何意义，因为仍然需要训练权重。

```
for i in range(len(X)):
    inputs = X[i]
    print(inputs)
    summation = np.dot(inputs, weights[1:]) + weights[0]
    print(summation)
```

(8) 在下一个代码块中训练代码，用于训练感知器中的权重。可以在被称为训练轮次 (epoch) 的周期内，反复训练感知器或神经网络的数据。在每个周期或迭代期间，将每个数据样本单独或分批输入感知器或神经网络。在输入每个样本时，将求和函数的输出与标签或预测值 Y 进行比较，预测值和标签之间的差异称为损失。基于这一损失，可以根据稍后将详细讨论的公式来调整权重。整个训练代码如下所示：

```
learning_rate = 0.1
epochs = 100
history = []
for _ in range(epochs):
    for inputs, label in zip(X, Y):
```

```
    prediction = summation = np.dot(inputs, weights[1:]) + weights[0]
    loss = label - prediction
history.append(loss*loss)
print(f"loss = {loss*loss}")
weights[1:] += learning_rate * loss * inputs
weights[0] += learning_rate * loss
```

(9) 在运行完最后一个代码单元后,运行最后一个编码单元,生成损失图,感知器"异或"训练的损失输出如图 1-2 所示。

```
plt.plot(history)
```

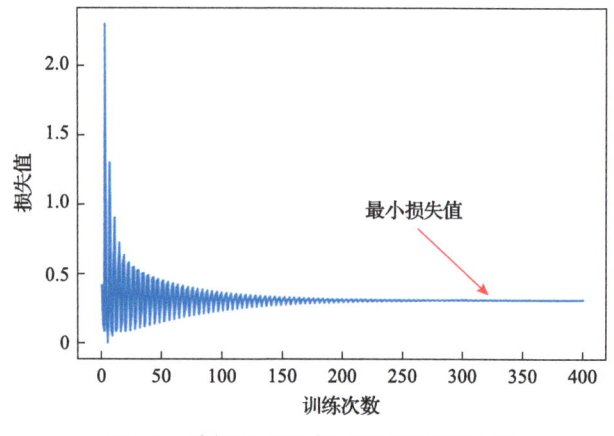

图 1-2 感知器"异或"训练的损失输出

练习 1-1 最终只能获得 0.25 的最小损失值,其结果并不那么优秀。如果运行更多轮次的训练,结果也不会变得更好。也就是说,尽管单个感知器能够解决一些更困难的问题,但是无法解决简单的异或问题,这就是 Minsky 等在其著作《感知器》一书中提出的核心批评观点。

在研究利用感知器解决更复杂问题之前,先回顾下前面示例中的代码学习行,并了解它们是如何工作的。为了便于复习,下面列出部分学习的代码行:

```
prediction = summation = np.dot(inputs, weights[1:]) + weights[0]
loss = label - prediction
...
weights[1:] += learning_rate * loss * inputs
weights[0] += learning_rate * loss
```

在这里,首先使用 np.dot 函数进行点乘求和计算得到预测值,然后通过计算标签值和预测值的差来计算损失值,最后使用如式(1-1)所示的函数更新权重:

$$w_i = w_i + \text{lr} \times \text{loss} \times \text{input} \tag{1-1}$$

式中,w_i 为与输入矩阵匹配的权重值;lr 为学习率;loss 为标签值和预测值之间的差异;input 为感知器的输入数组。

在每次将数组输入感知器的过程中,就是用这个简单公式来更新权重。其中,学习率用于调整更新量,通常为 0.01 或者更小的值,要通过设置合理的学习率,将每次的迭代更新量控制在较小的范围之内,否则每次迭代更新都会导致感知器过度学习或学习不足。学习率称为超参数,是需要经常手动调整的第一个变量。之所以将其称为超参数,是因为一般把内部权重值称为参数,把这类可以影响和控制全局的变量称为超参数。

单个感知器或者单层感知器的最大缺点就是只能解决线性问题,由于异或问题不是线性问题,所以需要引入 2 个以上的感知器,也就是多层感知器(multi-layer perceptron,MLP)。在开始这样做之前,可以重新回顾一下感知器,看看它能解决什么样的问题。

练习 1-2 将研究如何使用感知器这样的线性工具解决更难的问题。现在是要解决二维线性回归问题,在十几年前,这类问题很难应用经典的回归方法来解决,更多关于回归的内容将在后面章节中介绍。现在开始练习 1-2。

练习 1-2:感知器和线性回归。

(1)打开 GitHub 网站上的 GEN_1_perceptron_class.ipynb 文件。如果不知道如何访问源代码,请查看附录 B。
(2)通过运行线性回归问题代码块设置数据,如下所示:

```
X = np.array([[1,2,3],[3,4,5],[5,6,7],[7,8,9],[9,8,7]])
Y = np.array([1,2,3,4,5])
print(X.shape)
print(Y.shape)
```

(3)下一个代码块在图形上显示输入点:

```
fig = plt.figure()
ax = fig.add_subplot(111, projection='3d')
ax.scatter(X[:,0], X[:,1], X[:,2], c='r', marker='o')
```

(4)在本例中,仅在图 1-3 所示的图形上显示三维输入点。目标是训练感知器,使其能够学习如何将这些点映射到输出标签 Y 上。
(5)进入代码部分,在这里设置参数和超参数。在练习 1-2 中,需要调整超参数、迭代次数和学习率,此处将学习率降低到 0.01。然而,在解决线性回归问题时,感知器可以比在解决异或问题时更快地学会映射输入值,所以也会减少迭代次数。

```
no_of_inputs = X.shape[1]
epochs = 50
```

```
learning_rate = 0.01
weights = np.random.rand(no_of_inputs + 1)
print(weights.shape)
```

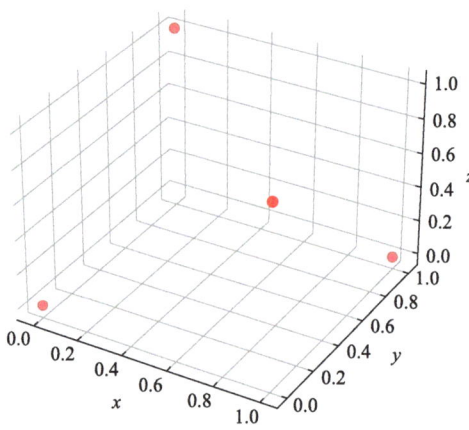

图 1-3　在三维图形上绘制的输入点

(6) 本练习将引入一个激活函数。通过激活函数可以缩放输出量的大小，以获得更好的输入或预测。在这个示例中，使用了一个修正后的线性函数，即修正线性单元(rectified linear unit, ReLU)，该函数能有效消除小于和等于 0 的输出，避免单纯线性输出可能产生的负值输出量。

```
def relu_activation(sum):
    if sum > 0: return sum
    else: return 0
```

(7) 把感知器的全部功能嵌入 Python 类中，以便更好地封装和重用。以下代码就是之前所有感知器和设置代码的组合。

```
class Perceptron(object):
    def __init__(self, no_of_inputs, activation):
        self.learning_rate = learning_rate
        self.weights = np.zeros(no_of_inputs + 1)
        self.activation = activation
    def predict(self, inputs):
        summation = np.dot(inputs, self.weights[1:]) + self.weights[0]
        return self.activation(summation)
    def train(self, training_inputs, training_labels, epochs=100, learning_rate=0.01):
        history = []
        for _ in range(epochs):
```

```
        for inputs, label in zip(training_inputs, training_labels):
            prediction = self.predict(inputs)
            loss = (label - prediction)
            loss2 = loss*loss
            history.append(loss2)
            print(f"loss = {loss2}")
            self.weights[1:] += self.learning_rate * loss * inputs
            self.weights[0] += self.learning_rate * loss
        return history
```

(8) 对类进行实例化,并开始训练。
```
    perceptron = Perceptron(no_of_inputs, relu_activation)
    history = perceptron.train(X,Y, epochs=epochs)
```

(9) 图 1-4 显示了训练函数调用的历史输出,以及运行最后一组单元的结果。可以清楚地看到损失值几乎降低到 0,这意味着感知器能够根据输入值有效地预测和映射结果。

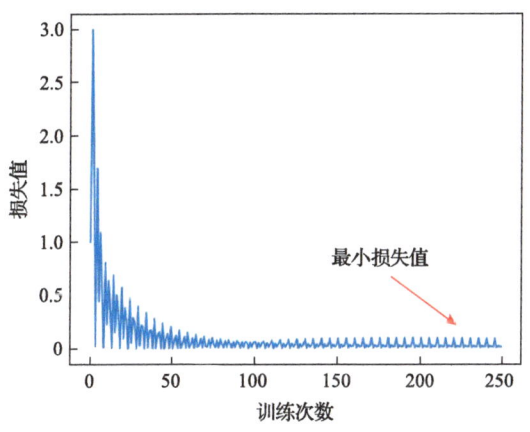

图 1-4　线性回归问题中感知器的输出损失

在图 1-4 中,可以看到网络模型的损失值存在明显的高频振动,这种现象可能是由学习率过高引起的,也可能与数据输入网络模型的方式有关。本书后面将会研究如何解决这类问题。

在将输入映射到预期输出方面,练习 1-2 的结果表现得更为成功。即使是处理典型的比较难的数学问题也有很好的结果,这也是在第一个"人工智能寒冬"中,感知器得以存活的重要原因。直到"人工智能寒冬"过去,大家才发现,如果将感知器堆叠成层,则可以实现更多功能,而且模型的能力更强,特别是能很好地解决异或(XOR)问题。

1.3 多层感知器

从原理上讲,将感知器堆叠成层的概念并不困难。图 1-5 给出了多层感知器网络模型示例,其第一层称为输入层,最后一层称为输出层,中间的则称为中间层或隐藏层。

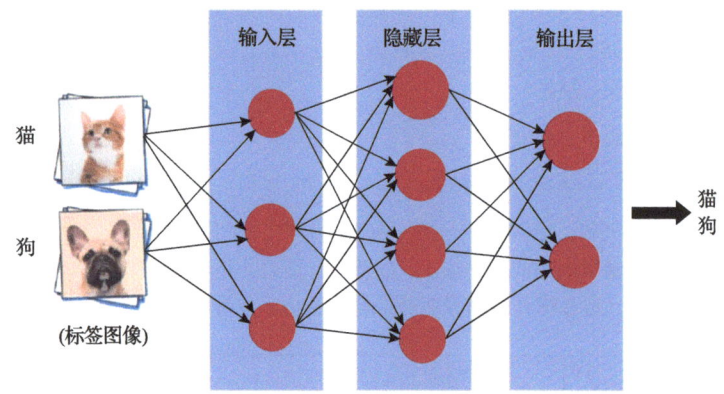

图 1-5　多层感知器网络模型示例

在图 1-5 中,猫和狗的图像输入多层感知器网络模型中,根据输出结果对输入图像进行分类,后面将讨论对输出进行分类的具体方法。图中的每个节点或圆圈代表一个感知器,每个感知器完全连接到网络模型中的各个层。这类网络模型称为全连接顺序网络。

通过网络模型向前传递的预测与感知器的运行原理基本一致,唯一的区别是上一层的输出成为下一层的输入,以此类推。通过将输入值传递给网络模型来计算输出值的过程称为前向传递或预测。从计算过程来看,使用点积函数后,数据传输线路中的前向传递非常有效,这是神经网络模型的优势。

在 1.2 节中,使用 np.dot 函数对输入的权重值进行求和。该函数在图形处理器上进行了优化,执行速度非常快。因此,即使有 100 万个输入值(这是可能的),也可以在图形处理器上的一次操作中完成计算。np.dot 函数在图形处理器上被优化的原因是计算机三维图形学的发展,点积运算在图形处理中相当常见,从某种意义上来说,游戏和图形引擎的发展对人工智能和深度学习有很大帮助。

虽然前向传递或预测可以快速运行,但其计算难度并不大。但是,与之相反的训练更新或者后向传递就不那么容易了。当多个感知器堆叠时,会面临之前应用的简单更新公式无法跨网络层工作的问题。

在更新多层网络时,遇到的具体问题是,不仅要确定每个层的损失量,还要确定该层中每个感知器的损失量,即不能仅从预测中减去损失,然后将该值应用于单个权重。相反,需要计算每个权重对结果输出或预测的影响。可以利用微积分来计算每个感知器和每个层的权重损失,通过确定损失量调整网络的前向函数、预测函数和激活函数,从而确定权重损失量对结果的影响程度。

1.3.1 反向传播

因为需要将误差值或损失值反向传播到每个权重上,所以把更新过程或通过网络模型的后向传递称为反向传播,图 1-6 给出了误差值或损失值在网络模型中的反向传播过程。

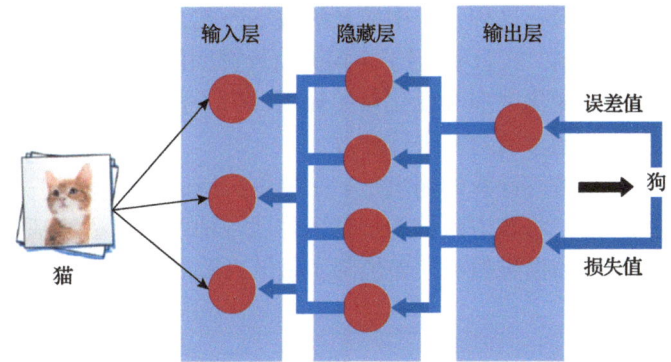

图 1-6 误差值或损失值在网络模型中的反向传播过程

图 1-6 中误差值的计算包含以下五个步骤。

(1)正向传播计算。

$$x_{i,j}^l = \sum_m \sum_n w_{m,n}^l o_{i+m,j+n}^{l-1} + b_{i,j}^l \tag{1-2}$$

式中,o 为感知器每一层的输出值;b 为偏差。

(2)函数重写。

$$o_{i,j}^l = f(x_{i,j}^l) \tag{1-3}$$

(3)应用链式法则。

$$\delta_{i,j}^l = \frac{\partial E}{\partial x_{i,j}^l} \tag{1-4}$$

(4)对输入的 x 求微分。

$$\frac{\partial E}{\partial x_{i',j'}^l} = \sum_{m=0}^{k_1-1}\sum_{n=0}^{k_2-1} \delta_{i'-m,j'-n}^{l+1} w_{m,n}^{l+1} f'(x_{i',j'}^l) \tag{1-5}$$

(5) 对权重系数求导。

$$\frac{\partial E}{\partial w_{m',n'}^l} = \sum_{i=0}^{H-k_1} \sum_{j=0}^{W-k_2} \delta_{i,j}^l o_{i+m',j+n'}^{l-1} \tag{1-6}$$

式(1-2)是网络模型的正向传播算法，通过式(1-3)将其重写为参数化函数，然后应用微积分中的链式法则可得到关于输入值的正向传播公式(1-4)，利用式(1-5)对每个输入值求微分，可以得到每个输入值对更改的影响程度，从而根据权重对输入进行分类，式(1-6)说明如何计算网络模型中每个权重的变化量。

现在，读者不必担心这项工作中涉及的数学公式，所有的深度学习库都提供了一种自动化分类机制，式(1-6)用于将损失值反算回网络模型中的每个权重。该公式的输出值是描述变化方向和变化量的梯度，为了执行更新过程，需要反转梯度并使用学习率这个超参数对其进行缩放。

由于上述过程中最终计算的输出是一个梯度，所以需要使用一种优化方法来最小化或减小该梯度，将该方法称为梯度下降法。梯度下降法的基本思想是减少梯度量，使得该函数的损失值或误差值降至最低。图 1-7 给出梯度下降法的工作原理。

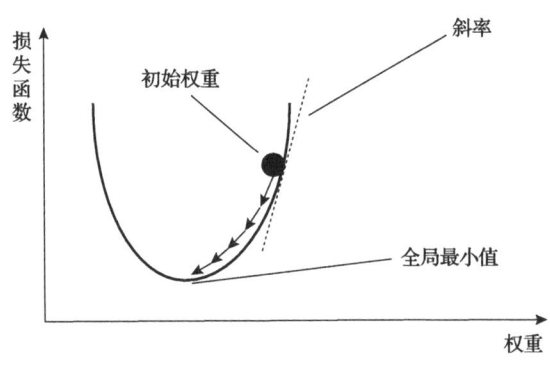

图 1-7 梯度下降法的工作原理

在图 1-7 中，梯度下降法用于修改权重曲线的斜率，并且最小化前向传递函数的全局损失。该图代表一个简单的二维图像，但在大多数情况下，问题的空间维度可能是几百或者几千。这意味着，针对此类问题的全局最小值优化的形势或表面可能有许多局部最小值的丘陵和山谷。

1.3.2 随机梯度下降法

反向传播和梯度下降法是20世纪80年代推进深度学习复兴的核心技术突破，当时这些过程仍然需要手动计算，如果考虑到网络模型的复杂性和深度，这两项成果确实是一个令人印象深刻的壮举。

然而，随着时间的推移，人们发现网络模型进行梯度下降的更新效率低下，而且结果也被证明并非最优解。研究发现，通过对数据进行分组处理，梯度下降过程可以更加高效，而且结果没有出现太大差异，因此将这种形式的梯度下降法称为批梯度下降(batch gradient descent，BGD)法。

随着深度学习技术的成熟，后来又发现批处理可能会使结果出现偏差，特别是当相似的数据聚集在一起时，这种现象更为明显。例如，要对猫和狗的图像进行分类，而数据集有 1000 幅猫图像和 1000 幅狗图像，那么将这些图像作为猫或狗的批处理，与进行小规模更新的效果是相反的，即将一批 100 幅猫图像同时输入网络模型时，对于理解哪些图像应该如何分类是没有任何好处的。

相反地，如果将输入数据随机分成批次，例如，将猫图像和狗图像随机分批输入，分类效果要好得多。通过随机化数据，可以向网络模型输送任意数量的数据，成批显示猫图像或狗图像，从而使网络模型能够更好地了解猫图像和狗图像之间的差异。

将数据随机批处理到网络模型的方法称为随机梯度下降(stochastic gradient descent，SGD)法。SGD 法是当前深度学习中广泛使用的一系列优化方法的基础，也是本书使用的许多网络模型的基本方法。1.4 节将研究如何在 PyTorch 网络模型的基础上，使用 SGD 法进行反向传播。

1.4 PyTorch 和深度学习

本书一直依托 NumPy 库，使用普通 Python 语言来构建简单的感知器模型。读者可能已经意识到，通过网络模型反向传播计算损失值的过程并不简单，肯定需要额外的算法支撑。事实上，现在有很多深度学习算法库可供使用，当然这些库的实现方式也是不同的。

本书将使用 PyTorch 库，这是一个开源的深度学习算法库，由于其使用简单、性能优越和定制方便而广受欢迎，是目前大多数学术和人工智能研究人员的首选，有助于在本书后面构建更为复杂的生成模型。

PyTorch 可以建立最简单的只有两层的感知器模型，也可以创建几千层的复杂模型。练习 1-3 将深入研究如何在 PyTorch 库中构建第一个多层感知器网络，以解决之前未能得到很好解决的异或(XOR)问题。

练习 1-3：在 PyTorch 上使用多层感知器解决异或(XOR)问题。

(1) 打开 GitHub 网站上的 GEN_1_mlp_pytorch.ipynb 文件。如果不知道如何访问源代码，请查看附录 B。
(2) 运行第一段代码，加载 NumPy 和几个即将使用的 PyTorch(torch)模块。

```
import numpy as np
import torch
import torch.nn as nn
from torch.autograd import Variable
import torch.nn.functional as F
import torch.optim as optim
```

(3) 下一段代码包含 XorNet 类中的模型。在本书中，使用 nn.Linear 神经网络模块创建了两个神经网络层，称该层为 fc 层，作为提示，该层是全连接的。第一个 fc1 层接收 2 个输入，产生 10 个神经元/感知器的输出。第二个 fc2 层向单个神经元输入和输出 10 个数据。在 forward 函数中，可以看到输入 x 是如何传递到第一个 fc1 层的，以及如何在传递到第二个 fc2 层之前通过带有 F.relu 的 ReLU 激活函数。

```
class XorNet(nn.Module):
    def __init__(self):
        super().__init__()
        self.fc1 = nn.Linear(2,10)
        self.fc2 = nn.Linear(10,1)
    def forward(self, x):
        x = F.relu(self.fc1(x))
        x = self.fc2(x)
        return x
```

(4) 下一段代码对 XorNet 模型进行实例化，然后创建一个均方误差 (mean square error, MSE) 型损失函数，这个损失量计算与前面看到的相同。之后创建一个 Adam 优化器，Adam 优化器是 SGD 的改进版本，提供更好的权重更新比例，从而提高优化效率。

(5) 下面为异或问题设置数据，并调整如何将这些数据打包，以供 PyTorch 调用。

```
X = np.array([[0,0],[1,1],[0,1],[1,0]])
Y = np.array([0,0,1,1])
y_train_t = torch.from_numpy(Y).clone().reshape(-1, 1)
x_train_t = torch.from_numpy(X).clone()
history = []
```

(6) 接下来转向训练循环环节，这将与之前看到的不同，其不同之处在于要对数据进行批处理。因为该示例只有 4 个样本，所以需要对所有数据进行批处理，然后输入模型中，用于前向传播或预测。之后，使用损失函数 loss_fn 从 y_batch 中的期望值和 y_pred 描述的预测值中计算损失值。接着，将优化器的梯度归零，这类似于使用 optimizer.zero_grad() 进行重置，并利用 loss.backward() 反向传播。最后，使用 optimizer.step() 执行另一个优化步骤。

```
for i in range(epochs):
    for batch_ind in range(4):
```

```
x_batch = Variable(torch.Tensor(x_train_t.float()))
y_batch = Variable(torch.Tensor(y_train_t.float()))
y_pred = model(x_batch)
loss = loss_fn(y_pred, y_batch)
print(i, loss.data)
optimizer.zero_grad()
loss.backward()
optimizer.step()
```

(7) 随着模型训练的持续进行，损失值很快接近 0。在练习 1-1 中，当使用单层感知器模型时，损失值降至 0.25，这是因为单层感知器模型无法适应异或(XOR)函数。通过添加第二层的 10 个神经元或感知器，可以顺利求解异或运算。

(8) 现在可以在异或真值表中输入以下内容，来测试模型的预测效果：

```
v = Variable(torch.FloatTensor([1,0]))
model(v)
```

(9) 在代码中可以看到，需要将输入的 1 和 0 转换成张量，然后用 Variable 转换成 torch 变量。再将该值输入模型中，并显示预测值。请注意，预测的输出将恰好是 1.0。

通过在多层感知器模型中添加包含 10 个神经元的第二层，能够使用 PyTorch 快速有效地解决异或问题。PyTorch 可以为神经网络抽象模块 nn 快速建立模型，在 PyTorch 中还有其他基础方法可以构建网络，但在本书中的大部分示例将使用 nn 模块。

1.5 回归分析

本节将使用监督学习进行回归分析。在监督学习中，同时输入一个已知值和预期输出值(也称为标签值)。在数学上，通常用 X 表示输入值，用 Y 表示标签值，其数学表达式就像常见的直线方程，如式(1-7)所示。

$$Y = mX + b \tag{1-7}$$

式中，m 为直线的斜率或权重值；b 为偏差或偏移值。

同样，可以利用式(1-8)为感知器的方程建模，即

$$Y = \sum_{i=1}^{n} w_i X_i + b \tag{1-8}$$

式中，n 为输入值的数量；b 为偏差或偏移值。

在监督学习场景下，已知量是一组输入值 X 和预期输出值(或标签值)Y，学

习目标是找到式(1-7)或式(1-8)所列方程中的参数,即解算出斜率和偏差或者权重值和偏移值,从而可以根据新的输入值产生预期输出值。在通常情况下,可以通过回归分析来解决这个问题。

回归分析是指反复修改模型的参数,直到为所有输入值的集合找到一致的解决方案,也可以将此分析视为对函数的映射或求解。对于所有的深度学习和机器学习,解算问题的目标往往只是求解方程或函数。当方程可微分时,深度学习是一个优秀的方程求解器。

由于能用微积分计算斜率,所以可以求解任何可微分的方程,这意味着该方程需要在整个定义域的每一点都是连续的,没有间断或间隙。

求解方程或学习方程的目的是重复使用相同的方程,以便推断其他未知输入值来产生输出值。因此,如果在给定一组已知数据点和输出的情况下,使用回归求解直线方程,则可以重新使用该方程来绘制或预测新的数据点。

图 1-8 给出一组数据点 X 和 Y 的分布图形。这幅图是使用 Microsoft Excel 创建的,并使用标准线性回归生成了带有趋势线的图。Microsoft Excel 中的趋势线是使用回归计算出的一条线,用来求解最适合这些点的线。

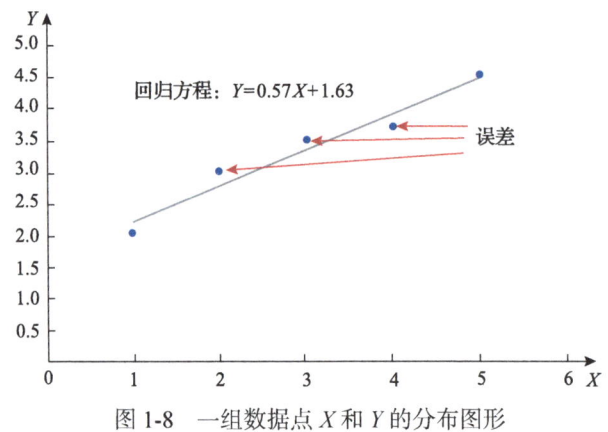

图 1-8 一组数据点 X 和 Y 的分布图形

在给定任意 X 值的情况下,图 1-8 中显示的线可用于进一步推断新的数据点。例如,当 $X=0$ 时,Y 的值将是 1.63,这正好与直线截距的偏移量相同,这条线的预测准确性完全取决于输入数据的质量。

当利用深度学习模型进行预测时,本质上是在做同样的事情,即求解一些符合输入数据的未知方程。在后面的章节中,这个过程可能不会那么明显,在所有情况下,只是在用深度学习模型求解一个函数或方程。

在数据科学中,通常将简单的回归分析表示为寻找明显的表达式或输出值。在很多情况下,可以将回归的反向应用视为分类。在分类中,并不需要计算出一个显式的值,而要找到这个值所属的类,本章后面将会探讨更多关于分类的内容。

现在先进行一个练习，学习如何使用深度学习网络执行更加复杂的回归分析。练习 1-4 将使用波士顿房价数据集来预测房屋的价值。

练习 1-4：使用 PyTorch 预测房价。

(1) 打开 GitHub 网站上的 GEN_1_regression_pytorch.ipynb 文件。如果不知道如何访问源代码，请查看附录 B。

(2) 在代码的第一部分再次加载导入，此外还添加了名为"sklearn"的新模块。程序将使用这个模块下载波士顿住房数据，并将数据分解为训练集和测试集。在大多数情况下，总是希望将数据分成训练和测试两个部分，其中平均 80%的原始数据将用于训练模型，剩余的 20%将用于测试模型。

```
from sklearn.datasets import load_boston
from sklearn.model_selection import train_test_split
import numpy as np
import matplotlib.pyplot as plt
import torch
import torch.nn as nn
```

(3) 接下来的代码将加载数据集，并将其拆分为输入值(X)和标签值(y)两部分。

```
boston = load_boston()
X,y = (boston.data, boston.target)
boston.data[:2]
inputs = X.shape[1]
```

(4) 数据加载后，使用 train_test_split 函数将其拆分为训练和测试两部分。注意，这里将 test_size 设置为 0.2，这意味着 20%的数据将用于测试。

```
X_train, X_test, y_train, y_test = train_test_split(X, y, test_
                                    size=0.2, random_state=0)
num_train = X_train.shape[0]
X_train[:2], y_train[:2]
num_train
```

(5) 现在创建一个四层的顺序网络模型。第一层将数据集的大小作为输入，并输出到 50 个神经元。然后到下一层，以此类推，直到只有一个神经元的输出层才结束。随后，创建损失函数和优化器函数。请注意这些层和前面输出层之间激活函数的区别。最后一层使用 Sigmoid 函数，其输出值的范围为 0~1。

```
torch.set_default_dtype(torch.float64)
net = nn.Sequential(
    nn.Linear(inputs, 50, bias = True), nn.ReLU(),
    nn.Linear(50, 50, bias = True), nn.ReLU(),
    nn.Linear(50, 50, bias = True), nn.Sigmoid(),
```

```
            nn.Linear(50, 1))
    loss_fn = nn.MSELoss()
    optimizer = torch.optim.Adam(net.parameters(), lr = 0.001)
```

(6) 接下来着手准备训练数据。本例中,需要按照从行到列的顺序重新排列标签。在这段代码中,将训练集和测试集设置成张量形式。

```
    num_epochs = 8000
    y_train_t = torch.from_numpy(y_train).clone().reshape(-1, 1)
    x_train_t = torch.from_numpy(X_train).clone()
    y_test_t = torch.from_numpy(y_test).clone().reshape(-1, 1)
    x_test_t = torch.from_numpy(X_test).clone()
    history = []
```

(7) 现在就进入代码的训练环节,这段代码应该比较熟悉。

```
    for i in range(num_epochs):
      y_pred = net(x_train_t)
      loss = loss_fn(y_train_t,y_pred)
      history.append(loss.data)
      loss.backward()
      optimizer.step()
      optimizer.zero_grad()
      test_loss = loss_fn(y_test_t,net(x_test_t))
      if i > 0 and i % 100 == 0:
        print(f'Epoch {i}, loss = {loss:.3f}, test loss {test_loss:.3f}')
```

(8) 在代码的训练块中,再次使用训练集输入值(X)和标签值(y)来训练网络模型。此外,还通过在网络中传递测试数据集来计算 test_loss。

(9) 运行最后一段代码,将显示损失值或误差从 390 减少到 1 或 2 左右的。这个值表示房屋预测值的偏差量。还应该注意到,测试损失值和训练损失值并不保持在一致水平。这也是网络模型过拟合的示例。

通过运行此模型,可以看到使用训练集进行优化的效果相当好。但是,当使用相同模型对测试集进行预测分析时,结果显示会出现更大的误差或损失值,这是因为模型对训练数据来说过拟合,而对测试数据来说则欠拟合。

在模型训练期间保留测试数据集的原因是为了确定模型的拟合程度,如果模型对训练数据的拟合度太高,而在测试数据中的拟合结果很差,则称为过拟合。出现过拟合的主要原因是网络模型记住了训练集。当网络模型过深、范围过大时,可能会发生这种数据记忆现象。虽然大型网络模型可以更快地学习并适应更大的数据输入,但这是要付出代价的。这种代价通常以过拟合或记忆数据的形式出现。

基于这个原因,几乎总是希望保持网络模型尽可能小。

然而,过拟合的反问题就是欠拟合。当网络模型规模太小,无法找到最佳权重时,就会出现欠拟合的情况,本章前面讲述的使用单个感知器无法解决异或问题就是网络欠拟合很好的示例。

在已知一定数量输入值的前提下,合理确定能解决问题的最佳网络模型规模是一种平衡。为了找到网络模型规模,通常需要开展扩大和缩小网络模型规模的反复试验,以达到最佳效果。后面的章节将会介绍有助于减少过拟合和欠拟合的其他方法。

回到练习 1-4,将网络模型规模从 50 个神经元/层调整为较小的数值,如 30 或 20。这样会减少一些训练数据的过拟合,但随后可能会发生相反的情况,即欠拟合。通过多次试验,平衡每层神经元的数量,让训练损失值和测试损失值更接近。一般情况下,调整网络模型规模是一项棘手的工作。

1.6 分　　类

在数据科学的很多具体应用中,如机器学习和深度学习,可能希望获得的输出值是一个类别而不是数值。在前面的示例中可以看到,存在一个网络模型,可以获取猫图像或狗图像,然后通过深度学习将它们归类为猫或狗,这样的过程称为分类或类回归。

类回归的过程就像是确定分类函数,具体来说采用的是逻辑回归形式。逻辑回归就是寻找最能区分类别的函数,然后使用通过深度学习获得的函数将输入空间划分为不同的类别。

图 1-9 给出猫图像和狗图像的逻辑回归分类示例,该函数可以将猫图像和狗图像进行分类。在函数边界(图 1-9 中的彩线条)的一边是猫图像,而另一边是狗图像。对这些图像的分类是根据它们在每个类别中的概率确定的。用于衡量不同概率之间差异的度量称为交叉熵损失。

为了使用逻辑回归函数进行分类,将网络模型的输出值设为 0~1 的概率值。这意味着,在进行分类时,最后一层的激活函数通常是 Sigmoid 函数或类似函数。在此基础上,要么对两个类型使用二元交叉熵(binary cross entropy,BCE),要么对多个类型使用交叉熵损失。

对于单个输出值,通过式(1-9)确定单个分类的损失值为

$$L = -y \cdot \lg(y_{\text{pred}}) \tag{1-9}$$

式中,y 为标签值;y_{pred} 为预测值。

如果有多个输出值,此时 y 扩展成向量,那么式(1-9)中的"点"符号就代表

内积。为了分析式(1-9)在多类型分类中的应用,首先需要了解如何在深度学习中对类别进行编码。

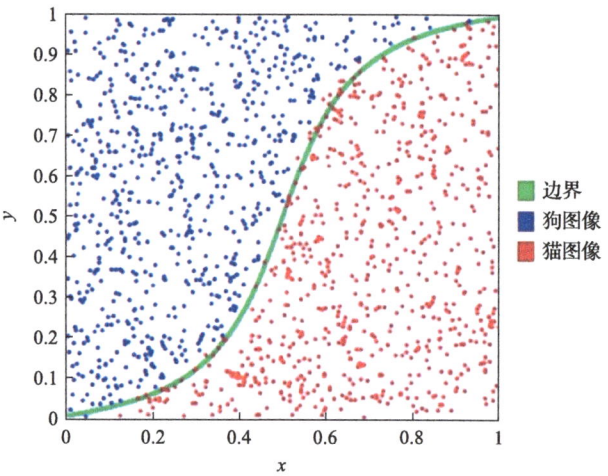

图 1-9　猫图像和狗图像的逻辑回归分类示例

1.6.1　独热编码

为了使交叉熵损失函数发挥作用,需要将具体类别转换为独热编码。独热编码是指将类别值转换成一个数组,数组维度与类别总数量相同。每一类别对应的数组元素值为1,数组的其他元素值为0。图 1-10 给出 MNIST 数据集的独热编码示例,例如,类别 1 代表数字 0,其对应的编码为[1, 0, 0, 0, 0, 0, 0, 0, 0, 0]。对于每幅图像,其类别转换为独热编码,其中数字 1 的位置就可以表示具体的类别。

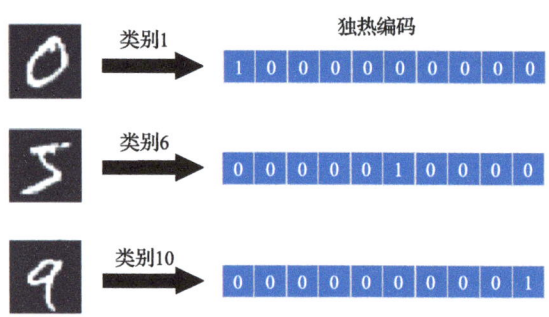

图 1-10　MNIST 数据集的独热编码示例

在具体的分类场景中,可以减少网络模型的输出值,以匹配独热编码所对应的类向量,将这些向量应用交叉熵损失函数实现分类。例如,对于一个网络模型,可从类别 3 中输入待分类的图像，其独热编码为[0, 0, 1, 0, 0, 0, 0, 0, 0, 0]。如果输出值或 y_{pred} 值是[0.2, 0.3, 0.6, 0.4, 0.1, 0.8, 0.1, 0.1, 0.1, 0.1]，则可以将其预测为类别 6，因为向量元素中的最大值 0.8 位于第六位。

对于交叉熵损失，每个错误值的损失应该为 0，另外还要与缺失的分类所造成的损失值一起计算。因此，每个输出神经元的误差都会被考虑在内，其损失也会通过网络模型进行反向传播。

1.6.2 MNIST 手写数字数据集

在深度学习的发展过程中，总是有几个标准的原始数据集，可以从中学习和测试各种新方法。随着深度学习技术的成熟，初学者常用的测试数据集也变得更加复杂，但仍然可以使用一些传统的方法进行学习。

在练习 1-5 中，将探讨使用多层网络对 MNIST 手写数字数据集进行分类。每个数字都对应一幅分辨率为 28×28 像素的图像，代表了网络模型的 784 个输入值。需要识别出 0～9 共 10 类(个)数字，输出层将其输出到 10 个神经元。下面在练习 1-5 中构建网络模型。

练习 1-5：使用 PyTorch 对 MNIST 手写数字数据集进行分类。

(1) 打开 GitHub 网站上的 GEN_1_classify_pytorch.ipynb 文件。如果不知道如何访问源代码，请查看附录 B。

(2) 在该示例中，将使用 torchvision.datasets 模块加载 MNIST 手写数字数据集，与练习 1-4 中的导入略有不同。

```
import os
import torch
import torch.nn as nn
from torch.autograd import Variable
import torchvision.datasets as dset
import torchvision.transforms as transforms
import torch.nn.functional as F
import torch.optim as optim
```

(3) 下一个代码块将在根目录下创建文件夹，这是后续代码将网上数据集下载到本地的文件储存位置。不过，在此之前，还要使用 transforms 对象来创建张量，并实现输入数据向张量的转换。输入数据是手写数字图像的灰度值，一般用字节表示，其数值范围是 0～255，需要将这些数据进行标准化，即把位于 0～255 的图像灰度值转换为 0～1 的数值。

```
root = './data'
if not os.path.exists(root):
    os.mkdir(root)
```

```python
trans = transforms.Compose([transforms.ToTensor(),
                    transforms.Normalize((0.5,), (1.0,))])
train_set = dset.MNIST(root=root,train=True,
                    transform=trans, download=True)
test_set = dset.MNIST(root=root,train=False,
                    transform=trans, download=True)
print(train_set)
print(test_set)
```

(4) 向下移动一个代码块，将使用 DataLoader 类创建数据批次。DataLoader 对数据进行分批处理，这样可以更加有效地将数据传送到网络模型中，并提供该组数据集的选项。在这段代码块中，将创建两个加载器，一个用于网络模型训练，另一个用于网络模型测试。

```python
batch_size = 128
train_loader = torch.utils.data.DataLoader(
                                dataset=train_set,
                                batch_size=batch_size,
                                shuffle=True)
test_loader = torch.utils.data.DataLoader(
                                dataset=test_set,
                                batch_size=batch_size,
                                shuffle=False)
print(len(train_loader))
print(len(test_loader))
```

(5) 下一步创建新的多层感知器模型。该网络模型将 28×28 像素的数据作为输入，并将其扩展至 500 个神经元，然后从 500 个降至 256 个，最后降至 10 个。请记住，10 个神经元的输出代表了数据集中每个类别的输出。

```python
class MLP(nn.Module):
    def __init__(self):
        super(MLP, self).__init__()
        self.fc1 = nn.Linear(28*28, 500)
        self.fc2 = nn.Linear(500, 256)
        self.fc3 = nn.Linear(256, 10)
    def forward(self, x):
        x = x.view(-1, 28*28)
        x = torch.relu(self.fc1(x))
        x = torch.relu(self.fc2(x))
```

```
        x = torch.sigmoid(self.fc3(x))
        return x
    def name(self):
        return "MLP"
```

(6) 在定义多层感知器模型类别之后,就可以对该类进行实例化,并创建优化器和损失函数。请注意,损失函数的类型是交叉熵损失函数,因为这是一个分类问题。

```
model = MLP()
optimizer = optim.SGD(model.parameters(), lr=0.01, momentum=0.9)
loss_fn = nn.CrossEntropyLoss()
```

(7) 接下来就是模型训练代码块,这部分与练习 1-1~练习 1-4 非常相似。在本例中,使用的是 DataLoader,因此也存在一些细微的差异。

```
epochs = 10
history=[]
for epoch in range(epochs):
    avg_loss = 0
    for batch_idx, (x, y) in enumerate(train_loader):
        optimizer.zero_grad()
        x, y = Variable(x), Variable(y)
        y_pred = model(x)
        loss = loss_fn(y_pred, y)
        avg_loss = avg_loss * 0.9 + loss.data * 0.1
        history.append(avg_loss)
        loss.backward()
        optimizer.step()
        if (batch_idx+1) % 100 == 0 or (batch_idx+1) == len(train_loader):
            print(f'epoch: {epoch}, batch index:' +
                f'{batch_idx+1}, train loss: {avg_loss:.6f}')
```

(8) 在此阶段,向文件上添加另一个代码块,并使用前面练习中的代码输出历史绘图。

(9) 作为扩展练习,读者还可以添加代码在测试集中进行模型验证,以查看模型与数据的拟合程度。

除了对测试集进行模型验证外,还可以用该模型来预测其他数字图像的类别,通过这种方式可以深入了解网络模型是如何执行的。第 2 章将继续探讨更繁重、更彻底的数据可视化,并正式开启生成式建模的进程。

1.7 本章小结

几十年来，深度学习和神经网络一直在学术界酝酿发展，直到 21 世纪才真正释放出强大的力量。释放这种力量也需要多个外部条件的支持，如改进的图形处理器、大数据和数据科学，以及对机器学习技术的浓厚兴趣。虽然这些外部条件促进了深度学习的发展，但是生成式建模的成功应用，才真正推动了人工智能研究人员的发展极限和想象力。

本章全面介绍了深度学习的理论基础，阐述了基本感知器、多层感知器和深度学习网络的基本原理，学习如何使用监督学习算法训练网络模型，并进行回归分析和分类分析。在本书的后续章节，还会介绍无监督学习或自监督学习的深度学习模型，以及被称为对抗学习的其他先进方法。在第 2 章中，将介绍使用自动编码器进行无监督学习的基础知识，然后使用生成对抗网络(generative adversarial networks，GAN)进行对抗学习。

第 2 章　生成式建模

多年前，深度学习一直被雪藏在学术象牙塔中，甚至被误解为"伪"科学或"模糊"科学。直到近年来，在新一轮人工智能的浪潮中，深度学习才呈现出爆炸式增长的态势。人工智能已经从以监督学习为主，发展到更高级的学习形式，包括无监督学习、自监督学习、对抗学习和强化学习。正是在这些形式的学习中，生成式建模开始获得蓬勃发展，并在许多领域取得了进展。

深度学习的出现及其带来的创新架构，能够帮助大家更好地理解人工智能学习的意义。以前，能够实现自我学习的人工智能算法还是具有很大难度的，但是有了深度学习理论，自我学习就可以轻松实现。此外，全新多样的学习形式出现了爆炸式增长，对生成式建模有着广泛应用的对抗学习也因此诞生，并反过来推动了人工智能的爆发。

生成式建模就是建立人工智能模型或机器学习模型，可以使用各种学习算法生成新的、不同的内容。生成式建模的关键词是"生成"，就是生成全新内容，不能与"过滤"或"转换"现有内容混淆。在建立一个生成式模型时，需要生成新的内容，有时是完全随机的，但在多数情况下，要有意识地控制特定内容的生成。

本章将深入浅出地解释生成式建模的基本原理，探讨如何构建生成器的基本形式，即自动编码器。然后学习如何利用卷积更好地从图像数据中提取特征。在此基础上，建立包含卷积层的自动编码器，以便更好地提取特征。之后，在深入分析对抗学习的基础上，介绍 GAN 的工作原理，最后使用深度卷积来升级普通的 GAN。具体内容主要包括基于自动编码器的无监督学习、利用卷积提取特征、卷积自动编码器、GAN、深度卷积生成对抗网络(deep convolutional GAN，DCGAN)等。

2.1　基于自动编码器的无监督学习

有监督学习或者使用标签进行机器学习是数据科学的基础，也是许多机器学习模型的基础，也是人类经常用来理解问题的一种形式。当人类或其他动物采取这样的方式学习时，也称为概念学习。但是，概念学习的基本思想可能会与其他形式的学习思想混淆，如无监督学习。

无监督学习是一种自我监督学习的形式，它允许机器在没有标签的情况下，通过理解事物的特征来学习事物的基本概念。无监督学习即使不使用标签，机器也能学习到事物的本质特征。虽然在某些情况下，也会使用少量标签来控制学习过程中的具体细节，但最重要的是要理解在无监督学习过程中标签并不是必需的。

在没有标签的情况下，为了训练机器或模型学习事物的特征，要建立可以将模型分解并将其组合在一起的机器。在深度学习中，这个过程称为编码和解码，或者称为自动编码。自动编码器能够将输入数据进行编码，即分解成以较低层次表示的形式，然后再用解码器对其进行重建。

图 2-1 给出自动编码器工作示意图。输入编码器的是原始 MNIST 手写数字图像。编码器将图像分解成潜在的或隐藏的形式，即编码表示，在此基础上，解码器可以将编码表示的数据还原成图像。如图 2-1 所示，在这个过程中，不再给图像打上"8"这个标签，也就是说，不再使用标签，而是通过了解它的内在特征来很好地重建图像。

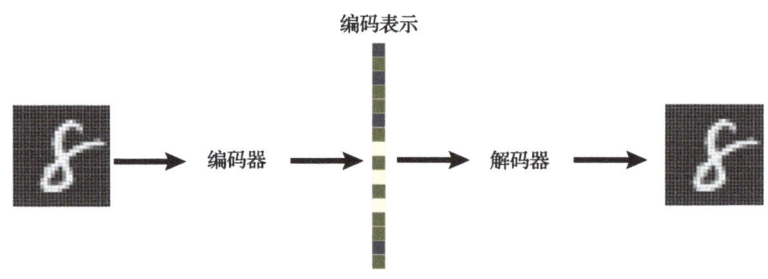

图 2-1　自动编码器工作示意图

自动编码器通过对原始图像的重建程度来学习和改进其模型。事实上，可以通过在原始图像和重建图像之间进行像素比较来测量自动编码器中的误差或损失。通过深度学习自动编码器，可以将编码器和解码器的两个模型堆叠在一起。

在练习 2-1 中，将使用带有自动编码器的 MNIST 时装数据集。该数据集由 10 类可穿戴的服装组成，包括鞋子、包、外套、裤子和裙子等。这些图像也为自动编码器如何学习图像重建提供了很好的可视化效果。

练习 2-1：时装自动编码器。

(1) 打开 GitHub 网站上的 GEN_2_autoencoder.ipynb 文件。如果不知道如何访问源代码，请查看附录 B。

(2) 运行第一个导入单元，然后转到下一个单元，设置一些图像处理的辅助函数。第一个函数 imshow 用于将 PyTorch 张量图像渲染到 Matplotlib 图。第二个函数 to_img 将张量转换为适当的大小和维度。

```
def imshow(img,size=10):
    img = img / 2 + 0.5
    npimg = img.numpy()
    plt.figure(figsize=(size, size))
```

```
    plt.imshow(np.transpose(npimg, (1, 2, 0)))
    plt.show()
def to_img(x):
    x = x.view(x.size(0), 1, 28, 28)
    return x
```

(3) 下一段程序代码对超参数进行配置。

```
epochs = 100
batch_size = 64
learning_rate = 1e-3
```

(4) 下一段程序代码下载数据，转换数据，并将其放入一个 DataLoader 中进行批处理。然后从 DataLoader 中提取一批图像，并使用图像工具函数 imshow 和 make_grid 来渲染 MNIST 时装数据集（图 2-2）。其中，make_grid 函数是 torchvision.utils 模块的一部分。

```
img_transform = transforms.Compose([
    transforms.ToTensor(),
    transforms.Normalize([0.5], [0.5])])
dataset = mnist('./data', download=True, transform=img_transform)
dataloader = DataLoader(dataset, batch_size=batch_size,
                        shuffle=True)
dataiter = iter(dataloader)
images, labels = dataiter.next()
imshow(make_grid(images, nrow=8))
```

(5) 为自动编码器创建一个类。在这个类中，将构建两个模型，即一个编码器和一个解码器。编码器将输入数据从大小为 784 (28×28) 的向量减少到 128 个输入神经元，进一步减少到 64，然后减少到 12，最后减少到大小为 3 的输出向量。解码器从编码器获取一个大小为 3 的向量作为输入，然后将它增加到 12、64、128，最后增加到 784 进行输出，其中，来自解码器的完整输出应该与输入图像匹配。在 forward 或 predict 函数中，可以看到编码器模型被输入图像中，并对其进行编码，然后将输出传递给重建图像的解码器。

```
class Autoencoder(nn.Module):
    def __init__(self):
        super(Autoencoder, self).__init__()
        self.encoder = nn.Sequential(
            nn.Linear(28 * 28, 128),
            nn.ReLU(True),
            nn.Linear(128, 64),
            nn.ReLU(True), nn.Linear(64, 12), nn.ReLU(True), nn.Linear(12,
                3))
```

```
self.decoder = nn.Sequential(
    nn.Linear(3, 12),
    nn.ReLU(True),
    nn.Linear(12, 64),
    nn.ReLU(True),
    nn.Linear(64, 128),
    nn.ReLU(True), nn.Linear(128, 28 * 28), nn.Tanh())
def forward(self, x):
    x = self.encoder(x)
    x = self.decoder(x)
    return x
```

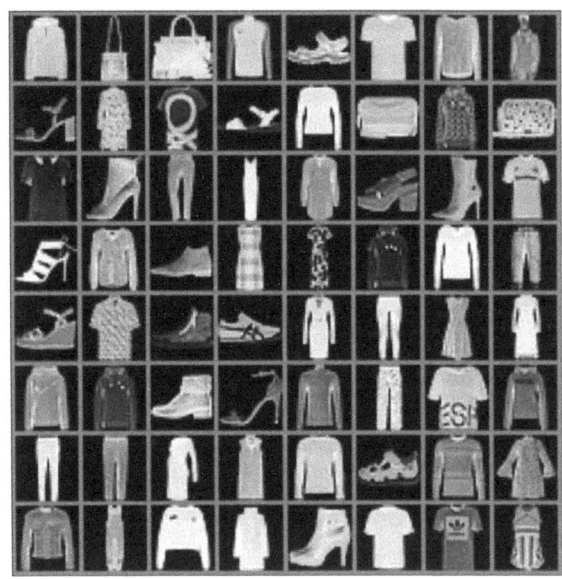

图 2-2 MNIST 时装数据集

(6) 在下一个代码单元,对模型进行实例化,并构建损失函数和优化器。

```
model = Autoencoder()
loss_fn = nn.MSELoss()
optimizer = torch.optim.Adam(
    model.parameters(), lr=learning_rate, weight_decay=1e-5)
```

(7) 现在可以转到训练代码部分,所有神奇的事情都将在这部分发生,将再次看到熟悉的双循环,先循环 epochs,再循环数据。这里,可以看到数据是从 DataLoader 中提取的,但忽略了标签值。现在将图像打包,并将其提供给模型,以输出 y_pred 或解码输出。然后,对图像中的每个像素进行 MSE 损失计算。像素值的差异就是损失值,将其训练返回到网络中。

代码的其余部分会重置梯度,然后通过网络返回损失。

```
for epoch in range(epochs):
    for data in dataloader:
        x_img, _ = data
        x_img = x_img.view(x_img.size(0), -1)
        x_img = Variable(x_img)
        # ===================forward===================
        y_pred = model(x_img)
        loss = loss_fn(y_pred, x_img)
        # ===================backward===================
        optimizer.zero_grad()
        loss.backward()
        optimizer.step()
# ===================log===================
clear_output()
print(f'epoch [{epoch}/{epochs}], loss:{loss.data:.4f}')
pic = to_img(y_pred.cpu().data)
imshow(make_grid(pic))
```

(8) 当运行训练代码单元时,将看到模型是如何随着时间的推移而改进的。图 2-3 给出了模型训练的第一次与最后一次迭代的差异效果。

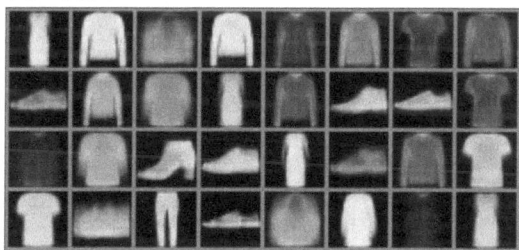

图 2-3　模型训练的第一次与最后一次迭代的差异效果

在这个阶段,将建立一个自动编码器,可以将服装图像编码为维度是 3 的向量。图像的潜在向量表示或隐藏向量表示也可以称为编码或嵌入。可以用这种编码表示图像的特征,使其具有独特性,这种表示方式最大的优势是可以通过计算机中的深度学习表示图像特征。在第 3 章中,将探讨更多的方法,以了解如何对这些编码进行可视化。

目前,这一阶段的重点是理解如何将图像分解为一些较低层次的向量,然后使用无监督学习进行重建,也就是说,在任何时候都没有给图像打上标签,网络模型完全通过理解图像的重建过程来进行自我学习。这是一个非常强大的基本概念,在整个深度学习中都会反复使用。

针对数据编码和解码的学习过程可以降低数据的维度,该过程可用于理解自然语言处理中单词的相似度,还能扩展到使用编码/解码转换器的机器翻译和文本生成。自动编码器通常是结合多种形式的网络模型来解决具体任务的首选架构。

虽然能够利用目前使用的网络模型获得一些不错的结果,但还需要进行网络层的改进,以便能够从数据中提取更多特征。2.2 节将讨论如何使用卷积滤波器来提取图像和其他数据中的特征。

2.2 利用卷积提取特征

2012 年以前,基于神经网络的图像分析通常通过将图像展平为一维向量来完成具体任务,之前在使用 MNIST 手写数字数据集和时装数据集时即是如此。在这种情况下,要将数据从一个 28×28 像素的图像平铺为一个 784 像素的一维向量,图 2-4 给出将图像扁平化为一维向量的过程。

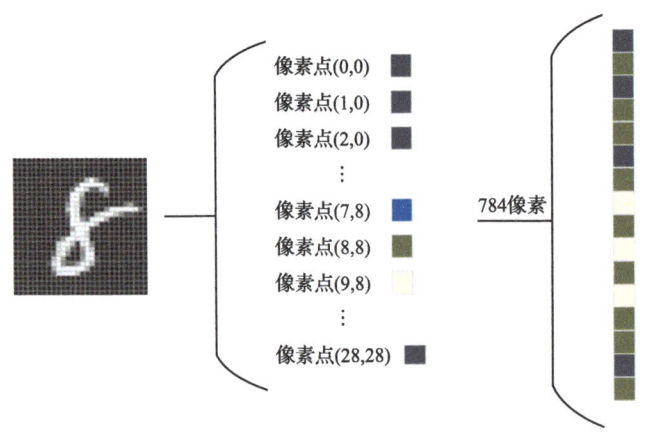

图 2-4 将图像扁平化为一维向量的过程

可以看到,28×28 像素的 MNIST 手写数字数据集被展平成一个单层,然后将这个单层数据输入神经网络中，此后网络模型就可以很好地进行分类或重建，后续研究发现这并不完美。事实上，图像越复杂，处理过程越困难。在当时，这也是深度学习的一个主要局限，因为它经常忽略明显的图像特征。

直到 2012 年，这一切都发生了很大的变化，Hinton 带领团队以较大的优势赢得了 ImageNet 挑战赛。该挑战赛组织方提供了一个有标签的分类数据集，包括 1000 个类别，共 150 万幅图像。ImageNet 挑战赛的优胜者就是开发出比其他模型更优的策略，以便对该数据集进行分类。Hinton 带领团队使用了一种全新的网络模型，称为卷积神经网络(convolutional neural network，CNN)。

基于 CNN 的深度学习系统描述了一种新的网络层，它使用卷积滤波的方式从数据中提取类似或相似的特征。在卷积滤波中，某个维度的图像块或卷积核被传递到图像中，当卷积核在图像上移动时，就使用训练过的权重来调整图像的像素值，可将这个过程作为一种滤波。

图 2-5 给出卷积滤波的过程。从图中可以看到，卷积核在图像上滑动。当滤波器穿过图像时，将卷积核的权重与图像的像素值相乘，产生了过滤图像的效果。这种过滤的输出会显示在下一幅图像中。在如图 2-5 所示的情况下，卷积滤波器和边缘检测滤波器的作用非常相似。

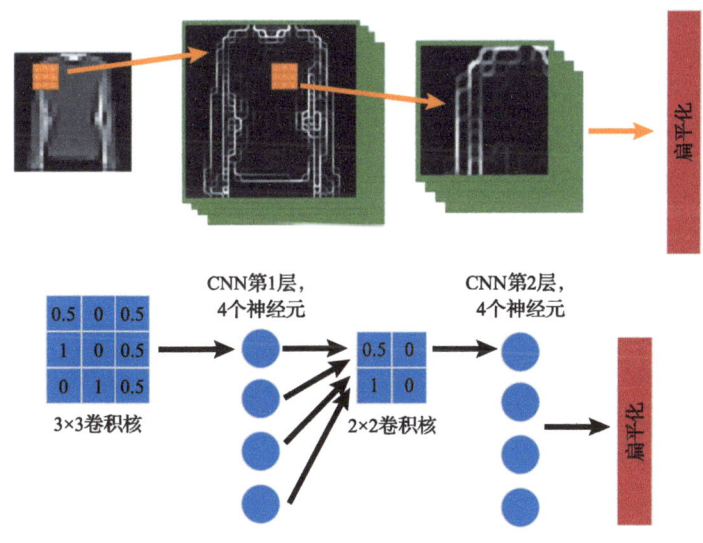

图 2-5　卷积滤波的过程

在图 2-5 的底部，可以看到一个带权重的卷积核滤波器，就像网络层的单个神经元或感知器一样，其中神经元中的每个权重都是卷积核中的一个值。在图 2-5 中，还可以看到卷积层是如何按顺序连续工作的。通过这种方式，CNN 就具有从已提取特征数据中再次提取特征进行滤波的功能。

这种带有卷积层的连续滤波过程可以识别出图像中的关键特征，如狗的耳朵或猫的眼睛。在图像或其他数据的所有特征被提取后，数据再次被扁平化，并被送入线性网络层。

在练习 2-2 中，将再次回顾练习 1-5，并对比分析使用 CNN 层后会有哪些不同。在练习 2-2 中，会添加几个二维卷积层用于图像特征提取。因此，可以与练习 1-5 进行比较，从而了解特征提取对网络性能的改善程度。

练习 2-2：用于分类的卷积网络。

(1) 打开 GitHub 网站上的 GEN_2_classify_cnn.ipynb 文件。如果不知道如何访问源代码，请查看附录 B。
(2) 同时打开练习 1-5 中的 GEN_1_classify_pytorch.ipynb，进行对比分析。
(3) 除了神经网络模型之外，这两部分代码实际上是相同的。因此，可以省略对大部分代码的比较分析。
(4) 在菜单中选择运行时间➤按钮，执行这两部分代码。在回顾练习 1-5 的其余部分时，保持两部分代码都在运行。
(5) 向下滚动到 CNN 代码文件中的 ConvNet 类，研究代码。在这个类的 init 函数中，会看到两个卷积层(conv1 和 conv2)、两个 Dropout 层(dropout1 和 dropout2)以及两个全连接层，也称为线性层(fc1 和 fc2)的实例化。然后在 forward 函数中看到各层是如何连接的，同时要注意 Dropout 层和线性层的位置。

```
class ConvNet(nn.Module):
    def __init__(self):
        super(ConvNet, self).__init__()
        self.conv1 = nn.Conv2d(1, 32, 3, 1)
        self.conv2 = nn.Conv2d(32, 64, 3, 1)
        self.dropout1 = nn.Dropout2d(0.25)
        self.dropout2 = nn.Dropout2d(0.5)
        self.fc1 = nn.Linear(9216, 128)
        self.fc2 = nn.Linear(128, 10)
    def forward(self, x):
        x = self.conv1(x)
        x = F.relu(x)
        x = self.conv2(x)
        x = F.relu(x)
        x = F.max_pool2d(x, 2)
        x = self.dropout1(x)
        x = torch.flatten(x, 1)
        x = self.fc1(x)
```

```
        x = F.relu(x)
        x = self.dropout2(x)
        x = self.fc2(x)
        output = F.log_softmax(x, dim=1)
        return output
```

(6) 请注意输入是如何在 Conv2d 层中定义的。图 2-6 给出 PyTorch 中的 CNN 层配置示意图。CNN 层要利用数据通道,像 MNIST 数据集这样的黑白图像或灰度图像通常只有一个通道。对于彩色图像,本书将图像分解为红色、绿色和蓝色通道,并分别具有各自的色彩值。后面会探讨更多关于通道的问题。

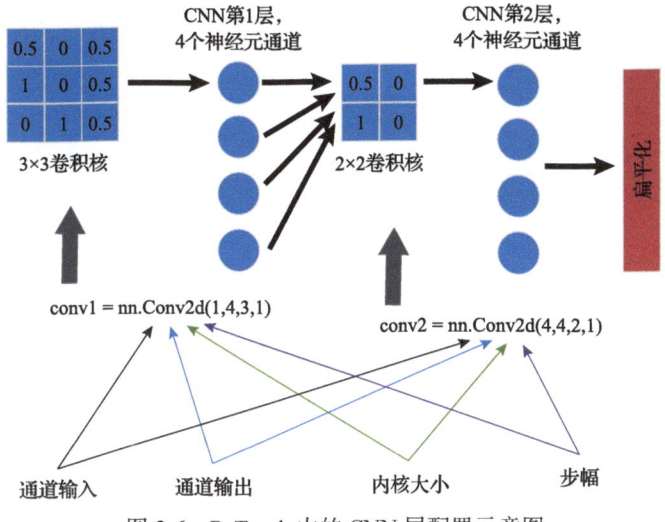

图 2-6 PyTorch 中的 CNN 层配置示意图

(7) 回顾 ConvNet 类的代码,注意输入是一个提取 32 个输出通道的单通道。这被推送到第二个 Conv2d 层,其中有 32 个输入通道和 64 个输出通道。最后一层卷积的输出在平铺到第一个线性层时产生了 9216 个输入。第二层用 128 个神经元处理这些输入,最终输出 10 个类。

运行练习 2-2 和练习 1-5 的两个示例会出现两种情况:第一种是练习 1-5 的运行速度更快;第二种是使用卷积后练习 2-2 的分类结果要好 10 倍。CNN 使用了更多参数,因此需要更多训练时间。如果使用计算统一设备体系结构(compute unified device architecture, CUDA)或图形处理器,则可以显著减少训练时间。在后面的章节中,会在合适的地方使用图形处理器进行处理。

在练习 2-2 中,还使用了名为 Dropout 的新层。Dropout 层是一种特殊的层,在每次训练迭代中随机关闭一定比例的神经元。随机关闭的神经元数量是在进行实例化时设置的,通常是 20%~50%。由于在每一轮训练中随机关闭神经元,网络必须变得更加通用,而不是专用性更强。如果将网络模型诊断为过拟合或记忆数据点，则增加 Dropout 层是一个有效的方法。

图 2-7 给出基于 TensorSpace.js Playground 的网络可视化效果。这是研究 CNN 和深度学习中各个网络层工作原理的最佳资源。

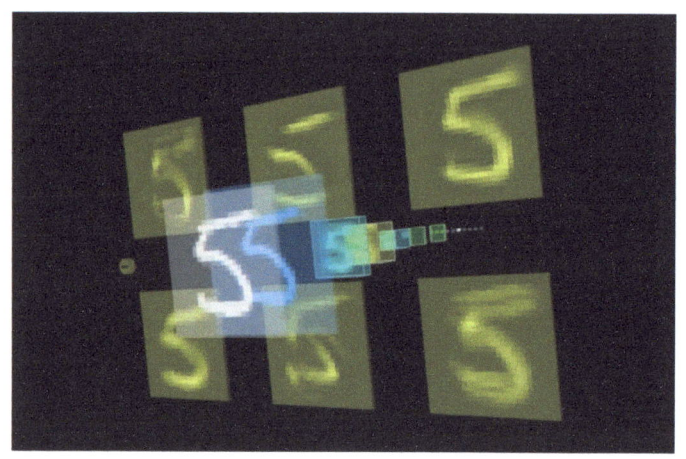

图 2-7　基于 TensorSpace.js Playground 的网络可视化效果

利用卷积层可以进行分类，也可以在进行生成式建模时提供额外的帮助。但是，当使用 CNN 生成内容时，必须采用与"滤波"相反的方法，即反卷积或转置卷积。

2.3　卷积自动编码器

如 2.2 节所述，利用卷积可以识别和提取图像中的特征，与此同时，也可以做相反的事情，如生成特征。在之前自动编码器的练习中，可以清楚地看到图像是如何基于逐像素表示的方式建立起来的。

回顾图 2-3，可以看到图像或特征周围存在一个模糊的轮廓，这就是生成式建模的特点。毕竟，第一个自动编码器所做的工作就是对逐个像素进行比较，所以期望的最好结果就是图像像素值的平均化，这个过程会导致图像出现模糊区域。

为了在提取特征后再次生成特征，现在要对 2.2 节使用的普通自动编码器进行改进，这里加入了卷积。在练习 2-3 中，基本数据集会升级到 CIFAR10。该数据集由 28×28 像素的彩色图像组成，分为 10 类，图像内容涵盖了飞机、狗和猫等。

图 2-8 给出自带标签的 CIFAR10 数据集图像示例，具体内容是由练习 2-3 产生的。练习 2-3 会把普通的自动编码器升级为卷积自动编码器，并用来提取特征，以及学习如何生成特征。

图 2-8　自带标签的 CIFAR10 数据集图像示例

练习 2-3：CIFAR10 上的卷积自动编码器。

(1) 打开 GitHub 网站上的 GEN_2_conv_autoencoder.ipynb 文件。从菜单中选择运行时间➤按钮，运行整个工作表。如果不确定如何访问源代码，请参考附录 B。

(2) 查看顶部的导入代码区域，然后移动到加载数据单元。在这个练习中，将从 torchvision 模块中提取 CIFAR10 数据集。注意，在这种情况下，使用了一个默认的张量进行数据转换。

```
transform = transforms.ToTensor()
train_data = datasets.CIFAR10(root='data', train=True,
                              download=True, transform=transform)
test_data = datasets.CIFAR10(root='data', train=False,
                             download=True, transform=transform)
```

(3) 为测试集和训练集设置超参数并实例化 DataLoader。

```
batch_size=64
epochs=100
learning_rate=1e-3
```

```
train_loader=torch.utils.data.DataLoader(train_data,
                    batch_size=batch_size,shuffle=True)
test_loader=torch.utils.data.DataLoader(test_data,
                    batch_size=batch_size,shuffle=True)
```

(4) 再次创建一些图像显示函数来渲染图像集，并且为标签提供文本，这样就可以为数据集的图像贴上标签。函数 plot_images 用于渲染有标签图像的网格。在这个函数的底部，是一些在训练期间需要在文件中渲染的计时代码。这段代码并不影响渲染，只是暂停训练代码，以便将图像输出到文件。

```
def imshow(img):
    plt.imshow(np.transpose(img, (1, 2, 0))) # 图像转换
# 指定图像类别
classes = ['airplane', 'automobile', 'bird', 'cat', 'deer',
           'dog', 'frog', 'horse', 'ship', 'truck']
def plot_images(images, labels, no):
    rows = int(math.sqrt(no))
    plt.ion()
    fig = plt.figure(figsize=(rows*2, rows*2))
    for idx in np.arange(no):
        ax = fig.add_subplot(rows, no/rows, idx+1, xticks=[], yticks=[])
        imshow(images[idx])
        ax.set_title(classes[labels[idx]])
        time.sleep(0.1)
        plt.pause(0.0001)
```

(5) 创建好辅助函数，就可以用以下代码生成图 2-8。

```
dataiter=iter(train_loader)
images,labels=dataiter.next()
images=images.numpy()#将图像转换为numpy数组用于显示
plot_images(images,labels,25)
```

(6) 这里使用了卷积自动编码器(ConvAutoencoder)类，它是早期自动编码器(Autoencoder)的一个升级版。在该类中，可以看到线性层已经被换成 Conv2d 层，还可以看到添加了一个新图层类型，称为 MaxPool2d 或池化层。池化层用于收集相似的特征，能提高网络训练的效率。在解码器模型中，可以看到 ConvTranspose2d 层的使用。卷积转置层与卷积层相反，它们不是提取特征，而是生成学习特征。在解码器中，可以看到两个 ConvTranspose2d 层输出到一个 Sigmoid 激活函数。

```
class ConvAutoencoder(nn.Module):
    def __init__(self):
```

```python
        super(ConvAutoencoder, self).__init__()
        self.encoder = nn.Sequential(
            nn.Conv2d(3, 16, 3, padding=1),
            nn.ReLU(True),
            nn.MaxPool2d(2, 2),
            nn.Conv2d(16, 4, 3, padding=1),
            nn.ReLU(True),
            nn.MaxPool2d(2, 2))
        self.decoder = nn.Sequential(
            nn.ConvTranspose2d(4, 16, 2, stride=2),
            nn.ReLU(True),
            nn.ConvTranspose2d(16, 3, 2, stride=2),
            nn.Sigmoid())
    def forward(self, x):
        x = self.encoder(x)
        x = self.decoder(x)
        return x
model = ConvAutoencoder()
print(model)
```

(7) 在训练之前，需要用以下代码创建损失函数和优化器。

```python
loss_fn = nn.MSELoss()
optimizer = torch.optim.Adam(model.parameters(), lr=learning_rate)
```

(8) 移动到最后一个训练代码单元。这段代码与上一个自动编码器练习 2-2 的代码相同，在此列出以供查看结果。

```python
for epoch in range(epochs):
    train_loss = 0.0
    for data in train_loader:
        images, labels = data
        optimizer.zero_grad()
        generated = model(images)
        loss = loss_fn(generated, images)
        loss.backward()
        optimizer.step()
        train_loss += loss.item()*images.size(0)
    train_loss = train_loss/len(train_loader)
```

```
clear_output()
print(f'Epoch: {epoch+1} Training Loss: {train_loss:.3f}')
plot_images(generated.detach(),labels,16)
```

当代码运行时，将看到图 2-9 所示的输出。图 2-9 给出基于 CIFAR10 数据集

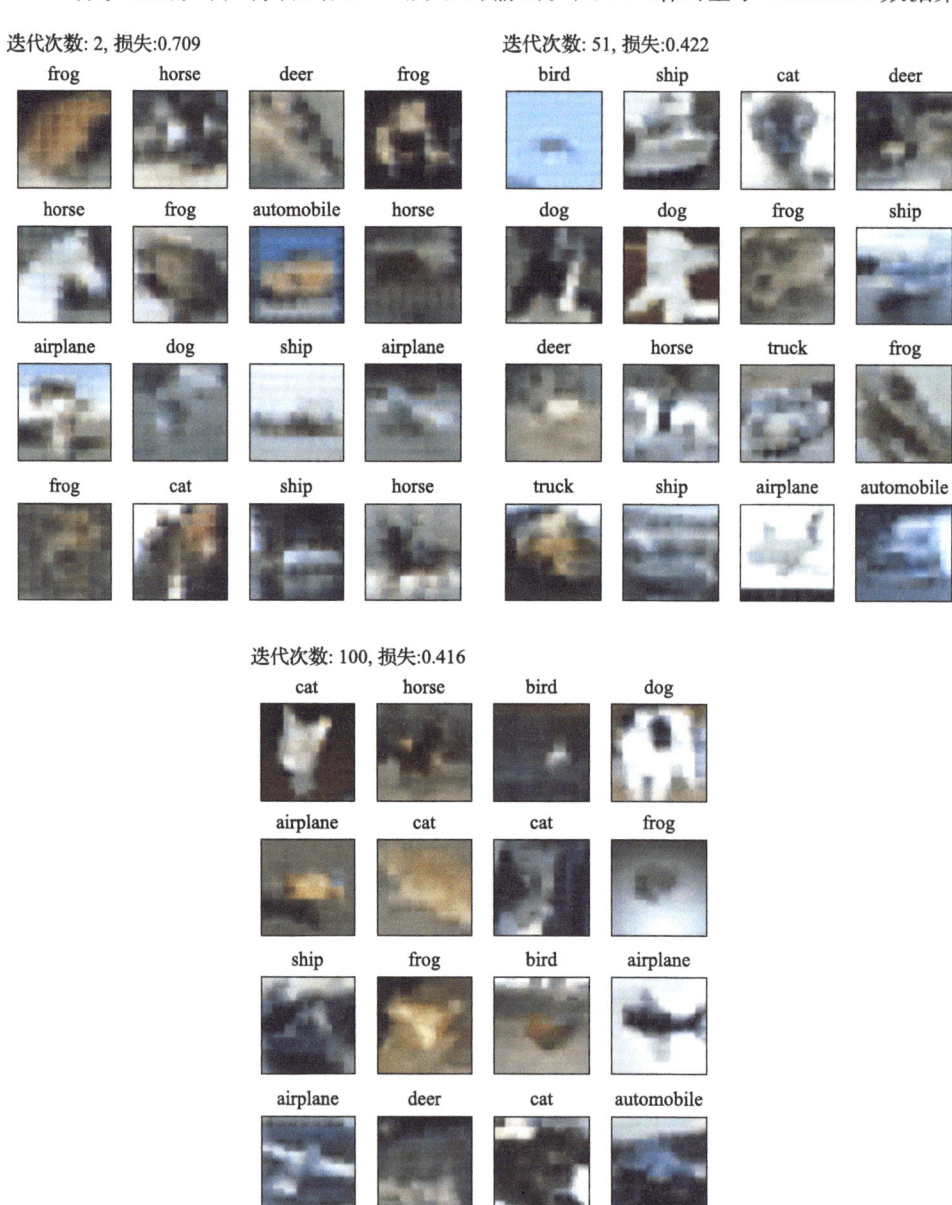

图 2-9 基于 CIFAR10 数据集的卷积自动编码器训练过程

的卷积自动编码器训练过程。请注意，相比之前模糊的图像，现在的图像看起来是块状的，更像是图像可识别特征的集合，不再是模糊的轮廓。

由于输入图像的大小有限，练习 2-3 中对卷积的应用程度还比较有限。在后续章节和练习中，将配置 CNN 层的更多参数。可以看到，能够通过卷积接近细节的极限，这更多地与局部特征提取方法有关。局部特征提取方法限制了只能在特定层中提取特征。在后面的章节中，将继续讨论其他可以缓解这个问题的方法。

自动编码器使用一种称为无监督学习的形式，因为该模型不依赖图像标签来重建或再生图像。但是，该模型仍然需要一幅图像作为样本进行编码，然后进行解码。接下来讨论如何通过对抗学习从一个随机的隐藏空间中生成图像。

2.4 生成对抗网络

生成对抗网络(GAN)的出现时间不长，与自动编码器很相似，GAN 由两个模型组成，但它们使用的不是编码器和解码器，而是判别器和生成器。

图 2-10 给出 GAN 架构，在描述 GAN 原理时，经常将其比喻成艺术品鉴定者和艺术品伪造者之间的相互斗法。在斗法过程中，艺术品伪造者努力仿造一个令人信服、希望能以假乱真的伪造艺术品，最终能让艺术品鉴定者认为它是真的。艺术品鉴定者则通过观察真正的艺术品来了解什么是真，什么是伪。反过来，艺术品伪造者通过制造赝品，并让艺术品鉴定者来检测真伪，从而可以提高自己的"伪造"能力。艺术品鉴定者和艺术品伪造者之间相互斗法，提高了两者的学习能力。

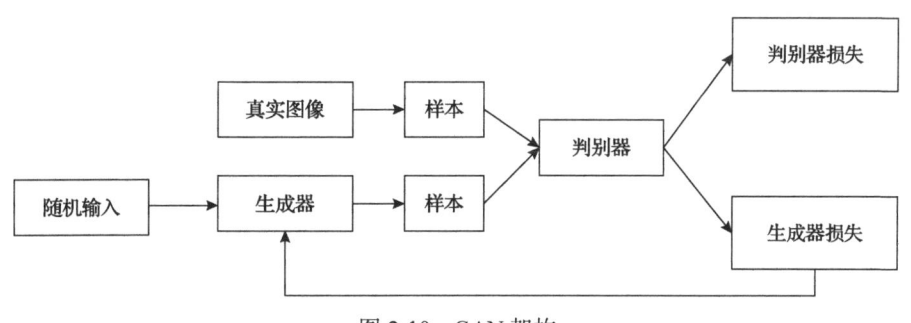

图 2-10 GAN 架构

在 GAN 中，艺术品伪造者是生成器。生成器从定义为 Z 的随机隐藏空间中生成图像或艺术品。图像生成后，将展示给艺术品鉴定者或判别器，判别器通过查看真实图像的样本以及由生成器生成的伪造图像来进行学习。

判别器通过分析真伪图像来确定损失值，如果它认为一个真实图像是伪造的，则它会向自己输出更高的损失值。同样，如果生成器输出的伪造图像被判别为真实图像，它会将较高的损失值返回给判别器，但将更低的损失值返回给自己。这两个模型协同学习，以更好地生成图像或判别图像的真伪。

虽然 GAN 的架构看起来过于复杂，但其本质上只是自动编码器架构的拆分和反转，其中生成器与解码器相同，判别器类似于编码器。但是，判别器不输出编码，只输出真或伪。另外，生成器与解码器不同，它在随机隐藏空间内进行数据处理，学习生成可以作为真实图像并传递给判别器的新图像。

练习 2-4 将建立一个普通的 GAN。通过这个基本形式的 GAN，将学习如何从 MNIST 手写数字数据集中生成数字。练习 2-4 不会构建一个 GAN 类，而是为生成器和判别器创建两个类，然后编写代码来独立训练它们。

练习 2-4：建立一个普通的 GAN。

(1) 打开 GitHub 网站上的 GEN_2_vanilla_gan.ipynb 文件。从菜单中选择运行时间▶按钮，运行整个工作表。如果不确定如何访问源代码，请参考附录 B。

(2) 跳过工作表顶部的 imports 和 imshow 辅助函数，转到数据加载和转换代码。所有代码都应该在此时进行审查。

```
transform = transforms.Compose([
    transforms.ToTensor(),
    transforms.Normalize((0.5,),(0.5,))])
to_image = transforms.ToPILImage()
trainset = MNIST(root='./data/', train=True, download=True,
                 transform=transform)
train_loader = DataLoader(trainset, batch_size=100, shuffle=True)
device = 'cuda'
```

(3) 生成器类中生成器的作用与自动编码器中的解码器相同。生成器的不同在于其输入是随机噪声。将这种随机噪声视为随机思维向量可能会有所帮助。此外，该代码与之前看到的解码器非常相似。这个随机向量的大小由输入的 latent_dim 定义。应该注意到，这里使用了一个新的激活函数 LeakyReLU。该函数允许一定量的负值通过函数，而不是在 0 处切断数值。对于 forward/prediction 函数，可以看到输出图像的张量被重塑为 1、28、28。

```
class Generator(nn.Module):
    def __init__(self, latent_dim=128, output_dim=784):
        super(Generator, self).__init__()
        self.latent_dim = latent_dim
        self.output_dim = output_dim
        self.generator = nn.Sequential(
            nn.Linear(self.latent_dim, 256),
            nn.LeakyReLU(0.2),
            nn.Linear(256, 512),
```

```
        nn.LeakyReLU(0.2),
        nn.Linear(512, 1024),
        nn.LeakyReLU(0.2),
        nn.Linear(1024, self.output_dim),
        nn.Tanh())
    def forward(self, x):
        x = self.generator(x)
        x = x.view(-1, 1, 28, 28)
        return x
```

(4) 判别器类似于自动编码器,不同之处在于,其输出只有两类:真或伪。在 forward/ prediction 函数中,输入 28×28 像素的图像被重塑为大小是 784 的输入向量。此外,该模型的架构类似于一个典型的分类器,这也是它的特点。事实上,一个经过充分训练的判别器可以在 GAN 之外的其他应用中对数据进行真伪分类,也许能够根据输入的数据确定某个输入图像是否属于某个特定类型。因此,可以训练一个人脸识别器,它将学会识别真伪人脸。

```
class Discriminator(nn.Module):
    def __init__(self, input_dim=784, output_dim=1):
        super(Discriminator, self).__init__()
        self.input_dim = input_dim
        self.output_dim = output_dim
        self.discriminator = nn.Sequential(
            nn.Linear(self.input_dim, 1024),
            nn.LeakyReLU(0.2),
            nn.Dropout(0.3),
            nn.Linear(1024, 512),
            nn.LeakyReLU(0.2),
            nn.Dropout(0.3),
            nn.Linear(512, 256),
            nn.LeakyReLU(0.2),
            nn.Dropout(0.3),
            nn.Linear(256, self.output_dim),
            nn.Sigmoid())
    def forward(self, x):
        x = x.view(-1, 784)
        x = self.discriminator(x)
        return x
```

(5) 构建好类后,在 GPU(CUDA)的支持下实例化各类,以进行更高性能的训练。此外,将创建优化器和损失函数。

```
generator = Generator()
discriminator = Discriminator()
generator.to(device)
discriminator.to(device)
g_optim = optim.Adam(generator.parameters(), lr=2e-4)
d_optim = optim.Adam(discriminator.parameters(), lr=2e-4)
g_losses = []
d_losses = []
loss_fn = nn.BCELoss()
```

(6) 创建一些辅助函数。第一个辅助函数为 noise,用来生成输入生成器中的随机噪声。第二个辅助函数为 make_ones,用 1 来标记这批图像为真。第三个辅助函数为 make_zeros,与前面相反,用 0 来标记这批图像为伪。

```
def noise(n, n_features=128):
    return Variable(torch.randn(n, n_features)).to(device)
def make_ones(size):
    data = Variable(torch.ones(size, 1))
    return data.to(device)
def make_zeros(size):
    data = Variable(torch.zeros(size, 1))
    return data.to(device)
```

(7) 添加一个额外的辅助函数来训练判别器。回想一下,判别器是在真实图像和来自生成器的伪造图像上训练的。需要注意的是,将真实的数据传入判别器,并使用它来预测真实的损失 loss_real,该损失通过判别器反向传播。之后,测试一组伪造图像,并将损失传回网络,随后返回两个损失的组合输出。应该注意到:make_ones 和 make_zeros 函数分别用于将数据标记为真(1)或伪(0)。

```
def train_discriminator(optimizer,real_data,fake_data):
    n=real_data.size(0)
    optimizer.zero_grad()
    prediction_real=discriminator(real_data)
    loss_real=loss_fn(prediction_real,make_ones(n))
    loss_real.backward()
    prediction_fake=discriminator(fake_data)
    loss_fake=loss_fn(prediction_fake,make_zeros(n))
    loss_fake.backward()
```

```
    optimizer.step()
    return loss_real + loss_fake
```

(8) 创建一个辅助函数来训练生成器。在第二个训练函数中,将伪造的/生成的图像传递给判别器即可评估损失。应该注意的是,辅助函数 make_ones 用来标记数据为真。

```
def train_generator(optimizer, fake_data):
    n = fake_data.size(0)
    optimizer.zero_grad()
    prediction = discriminator(fake_data)
    loss = loss_fn(prediction, make_ones(n))
    loss.backward()
    optimizer.step()
    return loss
```

(9) 训练代码,它与之前看到的略有不同。由于构建了两个辅助函数来独立训练生成器和判别器,这段代码会循环遍历并调用这些函数。注意,这里添加了一个受 k 限制的内部训练循环。这个内部训练循环可以用来增加在每一轮中训练判别器的迭代次数,可能希望或需要这样做以更好地平衡训练,但是最好使 GAN 中的两个模型以相同的速度进行学习。

```
epochs = 250
k = 1
test_noise = noise(64)
generator.train()
discriminator.train()
for epoch in range(epochs):
    g_loss = 0.0
    d_loss = 0.0
    for i, data in enumerate(train_loader):
        imgs, _ = data
        n = len(imgs)
        for j in range(k):
            fake_data = generator(noise(n)).detach()
            real_data = imgs.to(device)
            d_loss += train_discriminator(d_optim, real_data, fake_data)
        fake_data = generator(noise(n))
        g_loss += train_generator(g_optim, fake_data)
    img = generator(test_noise).cpu().detach()
    g_losses.append(g_loss/i)
```

```
d_losses.append(d_loss/i)
clear_output()
print(f'Epoch {epoch+1}: g_loss: {g_loss/i:.8f} d_loss: {d_loss/
    i:.8f}')
imshow(make_grid(img))
```

图 2-11(a)是训练开始时的输出图像,图 2-11(b)是经过 150 次训练后的生成图像,图 2-11(c)是 250 次训练后的输出图像。当进行该训练时,还会看到输出图像会随着时间的推移而不断更新。注意,这些图像刚开始时显得非常粗糙和随机,经过一定次数的训练后,就变得像手写数字一样清晰可见。

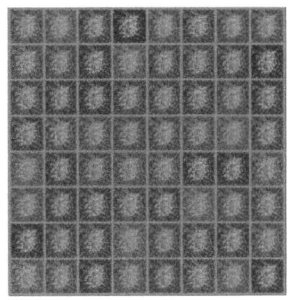

(a) 训练开始时的输出图像　　(b) 150次训练后的生成图像　　(c) 250次训练后的输出图像

图 2-11　在 MNIST 上训练一个 GAN

GAN 的另一个重要特点是图像完全由随机噪声产生。请注意,最开始输入生成器中的只是随机噪声。随着时间的推移,生成器已经学会了将噪声转换成逼真的数字。但是,这些数字并不是画出来的,而是从无到有生成的。

一旦掌握了 GAN 的基本知识和内容生成技术,就可以理解它已经具备生成任何内容的潜力。事实上,GAN 的应用正在快速发展中,其变体的数量与日俱增,已呈现出"星星之火,可以燎原"的壮观景象。

2.5　深度卷积生成对抗网络

深度卷积生成对抗网络(DCGAN)增加了卷积层,是对普通 GAN 的第一级改进。与之前在自动编码器上的工作模式一样,当添加卷积层时,整个网络架构的变化会更加精确。这意味着,编码器或判别器利用卷积提取特征,而解码器或生成器则利用反卷积构建特征。

DCGAN 实际上与训练中的其他特征基本相同,唯一不同的是可以改变输入的随机噪声大小,因此可以使用相同的基础代码,练习 2-5 会将 GAN 升级为 DCGAN。通过这次升级,还可以增加输入图像的大小。更大的图像允许更多的卷积应用,从而可以进行更细微的特征提取。

练习 2-5:用 DCGAN 生成人脸。

(1) 打开 GitHub 网站上的 GEN_2_DCGAN.ipynb 文件。从菜单中选择运行时间➤按钮,以运行整个工作表。如果不确定如何访问源代码,请参考附录 B。

(2) 输入部分的代码与之前的练习几乎相同,但还是有一个关键的区别,即把数据集的导入抽象为 DS,这样就能很容易地从 CelebA 数据集、CIFAR10 数据集或 STL10 数据集三者中变换数据源。要想使用不同的数据集,只需在这部分改变导入的数据集。

```
from torchvision.datasets import CelebA as DS #其他数据集选项,如 CIFAR10
或 STL10
```

(3) 下一个主要变化是应用于输入数据集的转变。为了输入这些数据,将这个版本的数据转换为长度为 64 的 image_size。然后使用 CenterCrop 来裁剪图像,最后将其进行标准化。

```
transform=transforms.Compose([
    transforms.Resize(image_size),
    transforms.CenterCrop(image_size),
    transforms.ToTensor(),
    transforms.Normalize((0.5, 0.5, 0.5),
    (0.5, 0.5, 0.5)),])
```

(4) 图 2-12 给出了 CelebA 数据集样本人脸部分示例,显示了数据加载输出和真实图像输出的情况。

图 2-12 CelebA 数据集样本人脸部分示例

(5) 由更新后的生成器类可以看到被更新为 feature_maps 的新输入。输入 feature_maps,并设置在卷积层之间通过的通道数量。可以将这个数字视为一个超参数,用于在其他数据集上进行调优。此外,还增加了一个名为 BatchNorm2d 的新图层类型。这个新图层在数据通过时重新归一化数据,这是限制损耗梯度变得过大或过小的一种方式。

随着网络的深入和层数的增加,损失梯度过小或过大的可能性越来越大,称为梯度消失或梯度爆炸。在数据通过网络时，对其进行规范化，可以通过保持权重参数接近零来避免梯度消失或梯度爆炸，这样做的另一个好处是可以提高训练表现。

```
class Generator(nn.Module):
    def __init__(self, latent_dim=100, feature_maps=64, channels=3):
        super(Generator, self).__init__()
        self.main = nn.Sequential(
            nn.ConvTranspose2d( latent_dim,
                        feature_maps * 8, 4, 1, 0, bias=False),
            nn.BatchNorm2d(feature_maps * 8),
            nn.ReLU(True),
            nn.ConvTranspose2d(feature_maps * 8,
                        feature_maps * 4, 4, 2, 1, bias=False),
            nn.BatchNorm2d(feature_maps * 4),
            nn.ReLU(True),
            nn.ConvTranspose2d( feature_maps * 4,
                        feature_maps * 2, 4, 2, 1, bias=False),
            nn.BatchNorm2d(feature_maps * 2),
            nn.ReLU(True),
            nn.ConvTranspose2d( feature_maps * 2,
                        feature_maps, 4, 2, 1, bias=False),
            nn.BatchNorm2d(feature_maps),
            nn.ReLU(True),
            nn.ConvTranspose2d( feature_maps, channels, 4, 2, 1, bias=
                        False),
            nn.Tanh())
    def forward(self, input):
        return self.main(input)
```

(6) 从生成器移动到更新的判别器。在很大程度上，这类似于在之前练习中构建的分类器和编码器。注意：在这个示例中，判别器更深且有更多的层，能这样做的原因是基本图像大小是 64×64。进入网络的基本图像越大，可以用来提取特征的卷积层越多。

```
class Discriminator(nn.Module):
    def init(self,feature_maps=64,channels=3):
        super(Discriminator,self).init()
        self.main=nn.Sequential(
            nn.Conv2d(channels,
                feature_maps,4,2,1,bias=False),
```

```
            nn.LeakyReLU(0.2,inplace=True),
            nn.Conv2d(feature_maps,
                feature_maps*2,4,2,1,bias=False),
            nn.BatchNorm2d(feature_maps*2),
            nn.LeakyReLU(0.2,inplace=True),
            nn.Conv2d(feature_maps*2,
                feature_maps*4,4,2,1,bias=False),
            nn.BatchNorm2d(feature_maps*4),
            nn.LeakyReLU(0.2,inplace=True),
            nn.Conv2d(feature_maps*4,
                feature_maps*8,4,2,1,bias=False),
            nn.BatchNorm2d(feature_maps*8),
            nn.LeakyReLU(0.2,inplace=True),
            nn.Conv2d(feature_maps*8,1,4,1,0,bias=False),
            nn.Sigmoid())
    def forward(self,input):
        return self.main(input)
```

(7) 代码的其余部分几乎与普通 GAN 的代码相同,只有一个细微的区别,即在 DCGAN 中,使用稍微不同的方法来构建输入噪声,如下所示:

```
noise = torch.randn(n,latent_dim,1,1,device=device)
```

(8) 图 2-13 给出了 DCGAN 在人脸数据上训练时的输出情况。读者可能还会在训练代码中注意到,如何使用一个名为 num_samples 的新超参数来限制批次或样本的数量。该超参数控制从 train_loader 中提取多少样本批次。样本越多,训练效果越好,然而样本越多,也意味着训练速度越慢,因此可以调整此特征,以获得最佳效果。

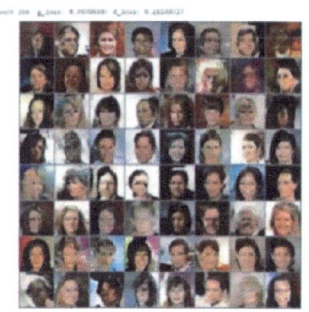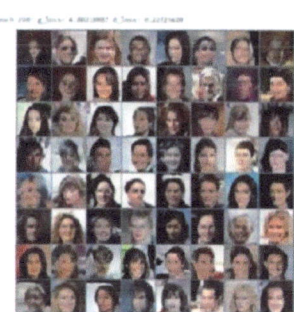

图 2-13　DCGAN 在人脸数据上训练时的输出情况

(9) 返回初始状态,并将 CelebA 数据集更改为 CIFAR10 数据集或 STL10 数据集,以查看不同的结果。

在练习 2-5 中，有三个可选的用于判别器的真实训练数据集，其中最理想的数据集是 CelebA 数据集，它是名人的人脸集合。然而，CelebA 数据集经常被其他系统占用，而且常常不能下载。因此，练习 2-5 还提供了其他两个选择，即 CIFAR10 数据集和 STL10 数据集，STL10 数据集与 CIFAR10 数据集类似，但图像更大。

DCGAN 可能需要运行几千次迭代才能获得十分令人信服的图像。在经过 250 次训练后，应该能够挑选出一些与真实人脸非常相似的图像。一定要持续关注 DCGAN 的训练方式，并观察输出的差异。

除了以上建议的三个数据集之外，还可以尝试利用其他任何来源的真实图像来训练 DCGAN，所需要做的就是确保数据加载器可以加载用于训练的图像数据，从而可以在任何其他图像源上训练 DCGAN。

DCGAN 是 GAN 的第一个变体，它进行了简单的架构改造，能够更好地处理和生成图像。之后的章节还会继续研究 GAN 的其他变体，这些变体都会在 GAN 的基础上进行架构和方法等方面的改进。

2.6 本章小结

本章讨论了自动编码器和 GAN 的初级生成式建模，学习了如何调整有监督学习算法，以使用像 GAN 这样的无监督学习算法。当编码器将内容编码到某个潜在的隐藏空间时，GAN 就能以一个虚无或者随机的隐藏空间为基础创建内容。这样的处理过程允许以各种形式的真实图像为基础，最终生成各种形式的内容。

在理想情况下，希望通过某种方式控制随机输入来控制 GAN 生成的内容，如果能学会控制生成器输出特定类型图像的随机思维，就能控制其生成特定类型的图像。第 3 章将研究如何控制生成器的隐藏空间，从而通过属性改变输出，这样就能够控制生成的人脸是否佩戴眼镜等。

第3章 隐藏空间

当人们在浏览由自动编码器或 GAN 所生成的结果时，很容易对人工智能和机器学习产生一种神秘感。这些深度学习系统的输出结果可能看起来非常神奇，甚至显示出机器已经具备智能的迹象。但是，事实远非如此，这些深度学习系统甚至已经开始挑战人类对智能的认知。

随着人们对人工智能认识的不断深入，对于哪些系统表现出的是智能，往往会设定更高的标准。深度学习就是其中之一，许多人现在将其视为一种数学处理过程，即机器学习，而不是真正的人工智能。在本书中，不去讨论深度学习是人工智能或只是机器学习。相反，本书将重点讨论为什么理解深度学习的数学基础尤其重要。

为了构建有效的生成器，需要知道深度学习系统只是非常优秀的函数求解器。虽然这可能会降低其神秘感，但可以更加深入地了解如何操纵生成器来执行命令，从而完成任务。

本章将深入研究深度学习系统是如何进行学习的以及其真正学习的内容。然后，进一步分析可变性以及深度学习如何学习数据的可变性。之后，利用该知识来建立一个变分自动编码器(variational auto-encoder，VAE)，并学习如何利用可变性调整自动编码器的生成器。拓展完这些知识后，将进一步构建和理解条件生成对抗网络(conditional GAN，CGAN)，最后使用 CGAN 生成一些食物的图像。

3.1 深度学习原理

深度学习的数学基础绝不是微不足道的，在许多方面，数学基础是深度学习技术几十年来一直在努力克服的主要障碍。直到自动微分技术获得发展，深度学习才算真正发展起来。在此之前，人们会耗费数小时来调整最简单的网络模型。即使是最简单的网络模型，也可能需要几天或几周的时间才能解算出正确的数学结果。

现在，通过自动微分技术以及 PyTorch 或 TensorFlow 框架，几分钟就能建立强大的网络模型。更重要的是，可以利用深度学习使人们更高效地获取知识、提升能力。读者不用拿到博士学位也可以训练网络模型，事实上，小学生应用深度学习开展试验也是很常见的事情。

然而，凡事有利就有弊，自动微分技术把深度学习系统变成一个黑盒子。这意味着对网络模型的学习方式缺乏细微的理解,从而有可能忽略系统中的明显问题或者更糟糕的情况,即在尝试解决问题时,由于对网络模型缺乏必要的理解而陷入长期的纠结中。

值得肯定的是,目前理解深度学习系统如何进行学习的数学知识已经大大简化,当然向一个五岁的孩子解释这些概念肯定会比较困难,但任何能够看懂图表和简单方程的人都能理解函数拟合的概念。

3.1.1 函数拟合

理解深度学习的关键是要理解网络模型只是一个优秀的函数拟合器。事实上,深度学习系统的全部工作就是将简单的输出拟合为已知或未知的函数。现在深入思考神经网络如何分类可能还有点令人困惑,所以先来看一个示例。

猫和狗的逻辑回归分类如图 3-1 所示,使用逻辑回归函数将猫和狗的图像分成两组。在图中可以看到代表函数输出的逻辑回归边界线,猫图像和狗图像会分别落在该边界线的两侧。图 3-1 作为深度学习网络学习未知函数的示例,其中有一个函数可以从视觉和数学上定义猫和狗之间的分类,但是目前还不知道这个函数究竟是什么。

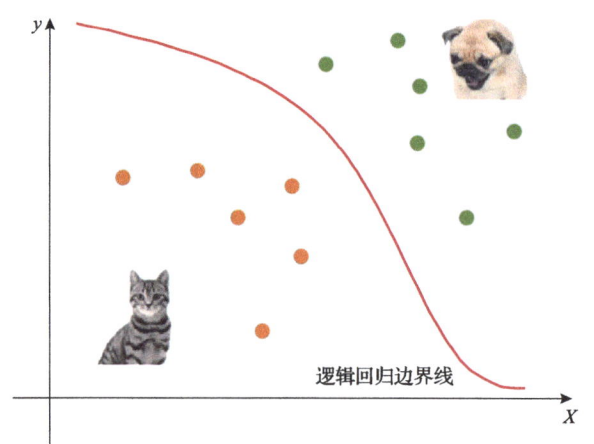

图 3-1 猫和狗的逻辑回归分类

当网络模型学习如何对图像进行分类时,该模型学习的是将事物分类的逻辑回归函数或逻辑回归函数集。在已知如何定义这些类别界限的函数集后,在大多数情况下,就不用担心确切的函数。相反,通过训练和学习,深度学习系统会自己学习或拟合该函数。

为了演示网络如何进行函数拟合,下面研究练习 3-1。该练习借用了之前的回归示例,可以定义一个已知函数,而不是使用数据。使用一个已知的函数将准确展示网络模型是如何学习的。

练习 3-1：深度学习中的函数拟合。

(1) 打开 GitHub 网站上的 GEN_3_function_approx.ipynb 文件。如果不知道如何访问源代码，请查看附录 B。

(2) 选择运行时间➤按钮，运行整个文件。然后查看最上面的单元，此处定义了一个将要拟合的简单函数。

```
def function(X):
    return X * X + 5.0
X = np.array([[1.0],[2.0],[3.0],[4.0],[5.0],[6.0],[7.0],[8.0],[9.0],
[10.0]])
y = function(X)
inputs = X.shape[1]
y = y.reshape(-1, 1)
plt.plot(X, y, 'o', color='black')
```

(3) 函数 function 定义了一个抛物线方程，将在这个方程上进行网络训练。在下一个单元，可以看到如何设置硬编码 X 输入 1～10，用来定义输出 y。请注意，如何简单地将输入 X 的集合输入函数中，以输出学习值，标记为 y。

(4) 图 3-2 给出使用一组样本输入(1～10)的方程的输出图，这就是想让网络学习如何拟合的方程。

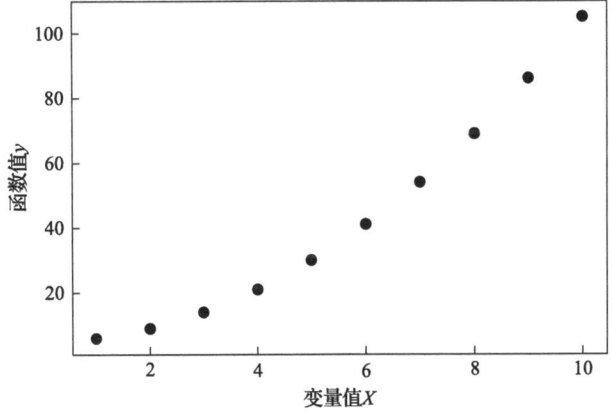

图 3-2　使用一组样本输入(1～10)的方程的输出图

(5) 下面的大部分代码在前面的章节中都已经出现过，现在的重点是找出细微的差异。请注意，仍然将输入数据分成训练和测试两部分，具体如下：

```
X_train, X_test, y_train, y_test = train_test_split
(X, y, test_size=0.2, random_state=0)
num_train = X_train.shape[0]
```

```
X_train[:2], y_train[:2]
num_train
```

(6) 在只有 10 个输入点的情况下，将数据分成 8 个点和 2 个点，似乎是愚蠢的一步。然而，即使是运算一个已知的函数，也可以帮助网络验证结果，所以仍倾向于进行验证和测试拆分。

(7) 程序代码的另一处更改是最后的一步验证。

```
X_a = torch.rand(25,1).clone() * 9
y_a = net(X_a)
y_a = y_a.detach().numpy()
plt.plot(X_a, y_a, 'o', color='black')
```

(8) 这段代码使用 torch.rand 创建 25 个随机值。由于这些值在 0~1，将输出乘以 9，将这些值的范围调整为 0~9。然后，通过网络运行 X_a 值，并绘制出输出，如图 3-3 所示。

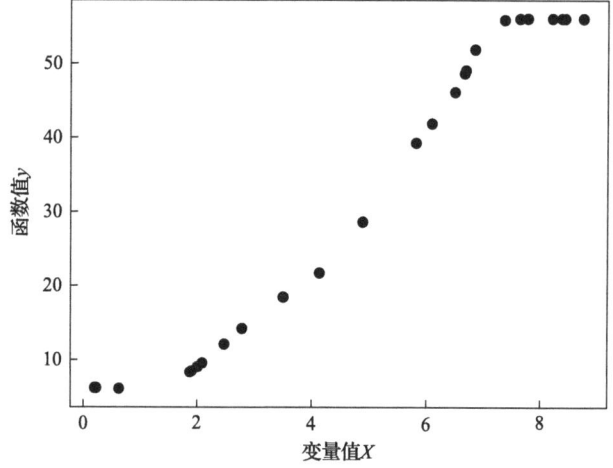

图 3-3　在训练过的网络上绘制测试结果的输出

(9) 在图 3-3 中，网络在拟合已知函数的中间值方面非常出色。但是，可以看到，网络在底部(X 接近 0 时)和顶端表现较差。可以看出，网络在拟合边界时更加困难，但是它仍然能很好地匹配函数的中间值。

练习 3-1 演示的是一个简单的网络模型如何学习拟合函数。请注意：网络模型在拟合边界时仍然比较困难，需要进一步分析其中的原因。在练习 3-1 中，用来训练网络模型的数据量有限，因为毕竟只有 10 个输入点。但是与发生在两端的情况相比，整个中间部分的函数拟合非常良好。

简而言之，深度学习系统可以在已知数据或方程限制的范围内，很好地拟合一个已知或未知的方程。在练习 3-1 中，使用了 0~10 的数据值，临界值为 0 和 10。然而，由图 3-3 可以看出，函数近似值在输入值 X=7 左右时趋于稳定。在邻近边界线处，当 X<1 时，可以看到同样的现象。这些不一致不是数据导致的，也

不是受数据量的限制,而是由深度学习的微积分本身导致的。还记得在第 2 章中关于自动微分技术的讨论吗?现在的问题不是微分的自动部分,而是微分本身。

微积分能帮助理解方程或函数的变化率,从发射宇宙飞船到建造更好的建筑都需要微积分,当然深度学习也需要,它在所有方面都很有用。当前,理解为什么在深度学习中使用微积分拟合函数也很重要,将在 3.1.2 节中介绍这些内容。

3.1.2 微积分的局限性

如果读者学习过微积分方面的知识,就会知道微积分也有局限性。例如,能用微积分进行微分的所有函数都必须是连续的。图 3-4 中列举了几个不连续函数的示例,所列举函数中的这些不连续区域会阻碍深度学习系统进行学习或拟合函数。

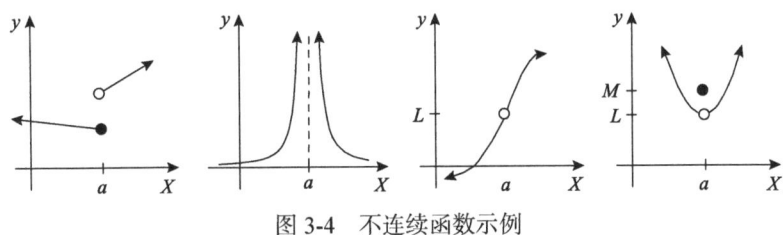

图 3-4 不连续函数示例

在生成式建模中,可以将不连续部分视为数据间隙或空白。但是,不要把这种情况下的间隙与空间或距离概念混淆。这里,使用术语"间隙"来表示函数中的中断,即没有任何样本值。术语"空间"或"隐藏空间"用于定义一组连续数据中的未知区域。

通常,当在生成的输出中看到黑色区域时,表示输入数据中存在一定的限制或者有不连续的问题。理解连续数据和非连续数据之间的区别需要一些时间,有时可能不是那么明显。这里的关键是要理解函数拟合是有极限的,这些极限通常是由数据本身定义的,有时需要网络在不连续的数据上近似拟合函数。

现在回到极限问题上,首先了解极限如何影响网络学习或拟合数据。在练习 3-1 中,网络输入的极值为 1 和 10。参考图 3-3 可以看到,函数在 $X<1$ 处变平,所以把 1 当作极小值是有意义的。这意味着,当 $X<0$ 时,网络模型只能将拟合得到的函数值限定在 $y=5$。

然而,当极大值是 10 时,在 $X>7$ 的输入范围内,函数拟合失败。为了理解出现这个问题的原因,还需要了解深度学习是如何使用微积分来拟合函数的。

3.1.3 爬山算法

任何深奥数学概念的核心,总有比较直观的解释。不幸的是,大多数经典的数学课程往往不会解释原因，相反，会让学生通过演示证明或背诵方程来发现这种直觉。这对初出茅庐的数学家来说很有效，但往往会让其他人不知所措。出于这个原因，本书始终把重点放在数学原理上，而不是具体的方法。

微积分是深度学习系统中用来平衡网络权重和参数的一种工具。微积分是通过了解系统的变化率来工作的。在深度学习中，微积分能够帮助网络模型确定变化量，以及在合适的位置调整网络中的权重。

微积分和梯度优化或梯度下降并不是用来寻找网络中权重的唯一工具，但是目前它是最高效的。实际上深度学习系统一直在使用其他的机器学习算法。如果想了解更多信息，请在互联网上搜索深度学习粒子群优化（particle swarm optimization，PSO）算法或深度学习遗传算法（genetic algorithm，GA）。

在图 3-5 中，球所在的位置 1 显示的是一维函数。现在可以把深度学习系统的目标看成引导这个球运动的函数，换句话说，就是希望这个球能够尽可能地贴近这个函数。这个球越能够跟随函数路径，网络越能更好地预测或生成内容。

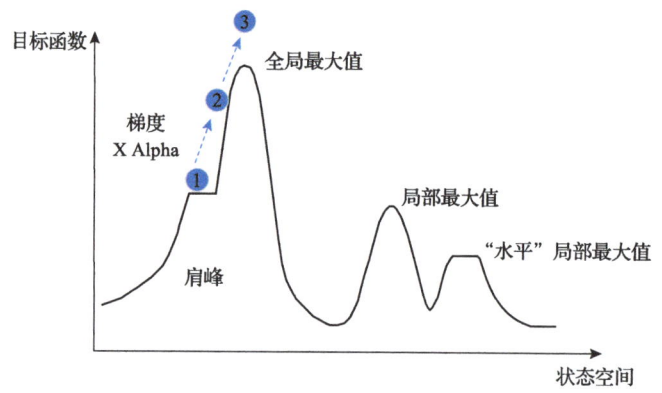

图 3-5 深度学习爬山算法

请注意，在图 3-5 中，可以通过自动微分和优化方法乘以学习率来计算出球的移动量，在图中被标记为"梯度 X Alpha"。梯度量可以通过选择不同的优化方法或者调整超参数来改变，之后还会介绍优化器的调优，包括 SGD 法或梯度 Adam。

下面讨论学习率或学习参数。这个超参数能够控制网络模型使用多少次调整，可以将球映射到一个函数。在图 3-5 中，球先快速移动到位置 2，然后快速移动到位置 3，这表明算法应用了较高的学习率。注意球是如何在第三个位置的函数线上方移动的，这就是练习 3-1 中的问题所在。

在图 3-6 中，可以看到降低学习率是如何使网络更好地拟合函数路径的。由图 3-6 可以看出，随着边界的增加，球留在边界内变得至关重要。当球反弹到最大边界之外时，最大边界值变为最大值，这正是图 3-3 中最大值没有很好映射的原因。

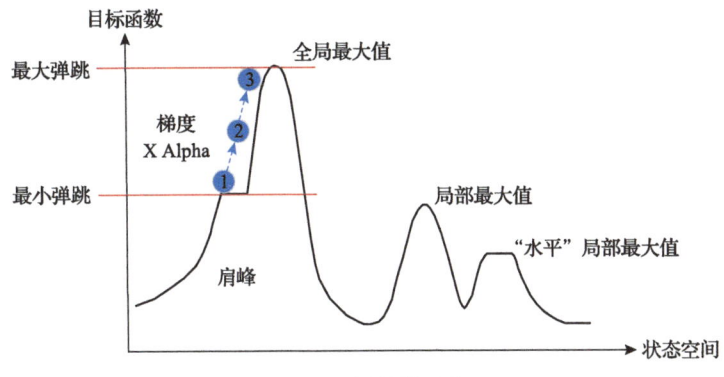

图 3-6 调整学习率

由此得出的结论是，在映射到函数时，学习率通常是最敏感的超参数。对于网络模型，学习率首要进行调整和理解。学习率也是调整网络模型训练速度的关键，当学习率过大时，网络模型将超越函数范围，无法学习。相反，当学习率过小时，可以让球很好地学习拟合函数。然而，这可能需要巨大的计算时间。

可以把 0.001 的学习率与 0.00001 的学习率进行比较。例如，用较小的学习率训练一个网络模型，假设花费 10min。如果用更小的学习率，即缩小为原来的 1/100，由于训练迭代次数的增加，可能会花费 100 倍的时间，训练时间增加至 10×100=1000min，超过了 16h，这都是因为一个更小且更加低效的学习率。

为了进一步说明学习率概念的重要性，先来看练习 3-2。练习 3-2 显示如何调整学习率以更好地拟合练习 3-2 中的函数。

练习 3-2：调整学习率以提高学习效率。

(1) 打开 GitHub 网站上的 GEN_3_learning_rate.ipynb 文件。如果不知道如何访问源代码，请查看附录 B。
(2) 选择运行时间▶按钮，运行整个文件。注意，如下面的代码所示，定义优化器的地方就是设置学习率 lr 的地方。

```
loss_fn = nn.MSELoss()
optimizer = torch.optim.Adam(net.parameters(), lr = 0.001)
```

(3) 在之前 GEN_3_function_approx.ipynb 的示例中，学习率是 0.025，这个值处于能够正确映射函数的顶端。
(4) 本示例的目标是找到能让网络 100%映射到函数或接近函数的学习率。
(5) 更改前面代码块中的学习率 lr，选择运行时间▶按钮，运行整个文件。
(6) 看看是否能将 lr 值调整到与图 3-7 一致或接近。如果把学习率设置得非常小，会发生什么情况？
(7) 如果网络模型在找到函数之前就完成了训练，这很容易通过增加 epochs 的数量来解决。把

num_epochs 更改为更大的值,看看会得到什么结果。
```
num_epochs = 8000
y_train_t = torch.from_numpy(y_train).clone().reshape(-1, 1)
```

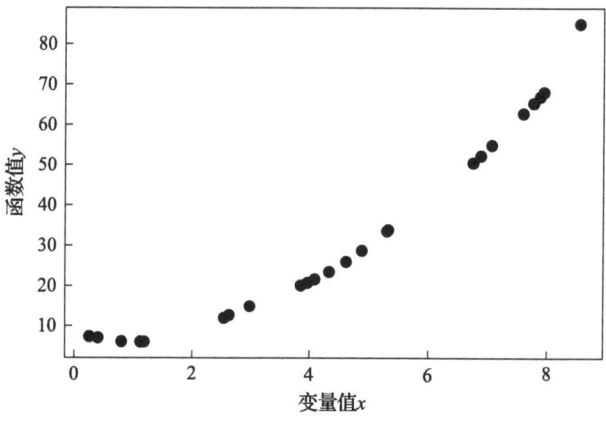

图 3-7　函数 x^2+5 更好的拟合结果

(8)尝试找到能将网络训练为与函数 x^2+5 相匹配的最小 epochs 数值和最大学习率。
(9)如果想尝试更加复杂的内容,可以改变每层神经元数量,或调整网络模型结构。

在完成练习 3-1 和练习 3-2 时,读者可能已经想到网络本身和数据会存在局限性。事实上,这正是练习 3-1 和练习 3-2 出现的情况。对于特殊的例子,网络模型试图过拟合数据,3.1.4 节将讨论如何解决过拟合和欠拟合的问题。

3.1.4　过拟合和欠拟合

通常,当新手设计网络模型时,第一个假设是神经元越多意味着结果越好。但是,这种情况很少发生,后面章节将会分析相关原因。现在关注的重点是网络模型规模本身,如何对函数产生过拟合或欠拟合问题。

读者可能经常听到深度学习中网络模型对数据过拟合或欠拟合问题,实际上其真正的意思是,网络模型对匹配或归类该数据的函数过拟合或欠拟合。

图 3-8 给出了训练后的模型与函数 x^2+5 的对比图。由图可以看出训练模型与结果的实际匹配程度并不高,事实上,考虑到网络模型规模,可以说匹配度非常不好。然而,网络模型规模并不是问题的全部,实际上网络模型规模和数据量几乎是相辅相成的。

回忆一下练习 3-2 以及试图拟合的函数 x^2+5,最初的几次尝试使用了一组 1~10 的数据点,下面将这些数据点输入函数中,以生成输出 y。这就生成了一组可以训练的数据,然后将其分成训练集和测试集两部分。

图 3-9 给出训练和拟合函数生成数据点的曲线图。在这些点中,要删除 20%(或

2个)进行测试。这就减少了数据集中点的数量,实质上缩小了训练数据之间的空间大小。

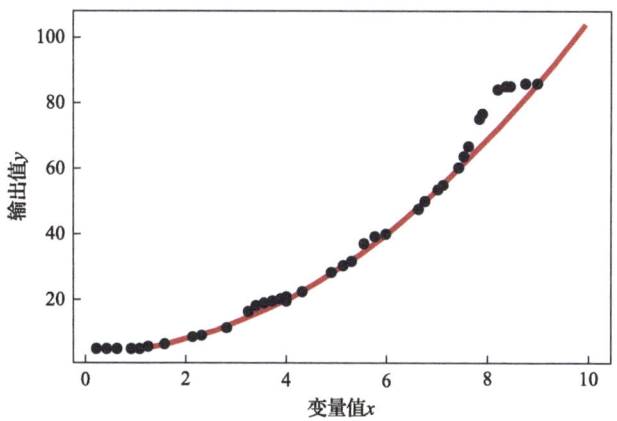

图 3-8　训练后的模型与函数 x^2+5 的对比图

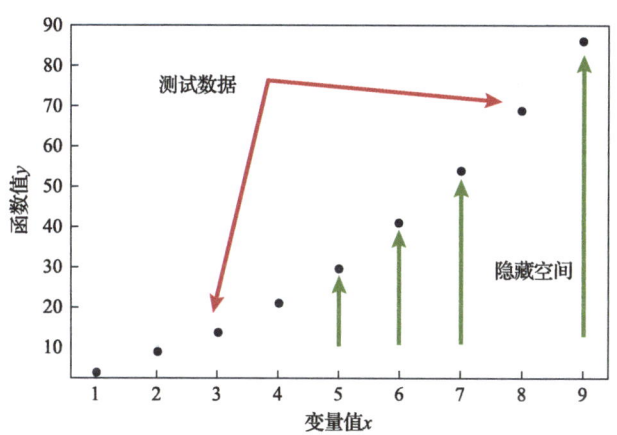

图 3-9　训练和拟合函数生成数据点的曲线图

这意味着,当模型拟合函数 x^2+5 时,数据之间有很大的空白区域,这些区域称为隐藏空间。同样,这个概念也不能与数据中的间隙、沟坎或空白相混淆。数据中的隐藏空间代表缺少任何实际训练数据的函数区域,意味着网络必须对这些数据点之间的数值取近似值。

事实证明,生成式建模的很大一部分工作是理解如何从这个隐藏空间中提取结果,正如在本书中看到的。这与之前试图提取的函数拟合练习的结果没有本质不同。之前的假设是减少模型训练点的数量,但正如前面讨论的结果,这扩大了隐藏空间的规模,导致模型对函数过拟合。

当网络模型拟合函数错误地填充或拟合隐藏空间时，会导致过拟合。在之前的函数拟合示例中，很显然就是这种情况。这是由两个因素引起的，第一个因素是缺乏数据，导致网络模型需要预测大面积的隐藏空间；第二个因素是网络模型规模过大，导致需要更多的数据才能预测数据之间的拟合值，如果输入数据量偏少，则网络模型本质上是在编造拟合值，这当然会出现问题。

当网络模型规模很大时，模型具有很强的能力，而过拟合就是能力过强的表现。大型网络模型可以记忆各种形式的数据，包括图像或视频。这对特定数据范围内的网络模型可能是有用的，但在生成式建模以及大多数其他机器学习学科中，目标始终是泛化的。

泛化始终是构建模型时的一个目标，这意味着输入模型的数据需要分布均匀，分布均匀的数据提供了数据之间均匀的隐藏空间。在练习 3-2 中，数据分布在 10 个位置，数值从 1~10。然而，可以看出，数据分布得不够均匀。

泛化也意味着网络模型应该具有它所需的适当规模，既不能大，也不能小。如果网络模型太大，它将倾向于过拟合或用不正确的值填补隐藏空间。同样，太小的网络模型也会出现欠拟合，欠拟合通常是模型中的间隙或隐藏空间过大导致的结果。

图 3-10 给出了使用线性模型拟合函数 x^2+5 出现欠拟合示意图。当网络模型没有得到足够的数据或数据分布不均匀时，就会出现欠拟合情况。

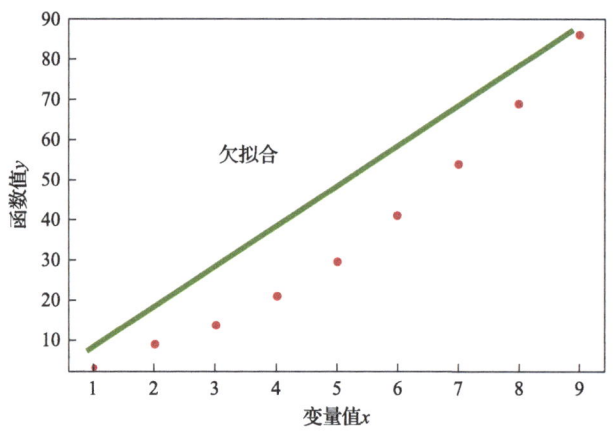

图 3-10　使用线性模型拟合函数 x^2+5 出现欠拟合示意图

为了加深理解，练习 3-3 将在练习 3-2 的基础上，创建对数据过拟合和欠拟合的模型。与练习 3-2 相比，练习 3-3 会修改一些细节。

练习 3-3：了解过拟合和欠拟合。

(1) 打开 GitHub 网站上的 GEN_3_over_under.ipynb 文件。如果不知道如何访问源代码，请查看附录 B。

(2) 选择运行时间➤按钮，运行整个文件。请注意示例中是如何在输出图之前更改模块中的输入 (X, y) 的，如下所示：

```
data_step = 0.1
X = np.reshape(np.arange(1,10, data_step), (-1, 1))
y = function(X)
inputs = X.shape[1]
plt.plot(X, y, 'o', color='red')
```

(3) 在前面的代码块中，更改了 NumPy 的调用，这样就可以使用 np.arange 自动生成数组。arange 函数将起点和终点以及步长作为输入，使用一个新的超参数步长 (data_step) 来设置隐藏空间中的距离。使用 0.1 的步长创建的数据点数量是之前的 10 倍，从而大大减小了隐藏空间。

(4) 下面调整学习率 (lr) 和 epoch 数 (num_epochs) 这两个超参数。

```
optimizer = torch.optim.Adam(net.parameters(), lr = 0.01)
num_epochs = 1000
```

(5) 对网络模型进行改进，删去了一层，并加入了神经元超参数。

```
neurons = 20
torch.set_default_dtype(torch.float64)
net = nn.Sequential(
  nn.Linear(inputs, neurons, bias = True), nn.ReLU(),
  nn.Linear(neurons, neurons, bias = True), nn.Sigmoid(),
  nn.Linear(neurons, 1))
```

(6) 神经元超参数能快速改变网络的大小，通过减少神经元的数量来过拟合或欠拟合网络。

(7) 尝试只调整两个超参数：data_step 和神经元，观察这对模型的过拟合或欠拟合有什么影响。请记住，更大更复杂的模型通常需要更多的训练迭代次数 num_epochs。这反过来意味着可能也要改变学习率 lr。

(8) 现在尝试找到最小的网络、最少的神经元数量，可以用较少的 num_epochs 最快地学习这个函数。请根据需要随意调整学习率 (lr) 和 data_step。

(9) 将 data_step 设置为一个较高的值，如 1.0，然后观察改变神经元数量会造成什么影响。

练习 3-3 的目的是展示网络模型如何对映射到数据的函数进行过拟合和欠拟合。在练习 3-3 中，可以看到每个超参数快速而明确的反馈，以便了解一个网络模型如何进行过拟合或欠拟合。

随着本书内容的进一步深入，将逐渐使用更复杂的数据形式，如图像，届时过拟合和欠拟合往往变得不那么明显。幸运的是，有几条线索可以帮助识别这类问题，在进行这些练习时经常会继续探索。

另外一个关键因素是数据分布，它可能会导致很多过拟合或者欠拟合问题。

在示例中,数据均匀分布在一系列值中,但是在现实世界中很少看到这种情况。例如,假设有一个由30000幅动物图像组成的数据集(10000幅猫图像,15000幅狗图像,5000幅鸟图像),目标是将其分类为猫、狗和鸟,问题是数据并不是均匀分布的。此处,狗图像数量更多,因此模型会高估或记住狗。那么,应该做的是将猫图像和狗图像的数量减少至5000,以匹配鸟图像的数量。甚至可以认为,与鸟相比,猫和狗在视觉上更相似,从而有可能影响分类结果。

在生成式建模中,一定要理解数据是如何分布的。事实上,数据分布是许多方法的基础。3.2节将分析为什么数据分布对变分自动编码器非常重要。

3.2 变分自动编码器

练习3-2探讨了网络模型如何进行函数拟合,并在离散间隔内发现隐藏空间。通过缩小采样间隔来增加数据采样量,可以减小未知的隐藏空间,进而改进模型训练。这种技术对简单函数来说效果很好,但对更复杂的问题却不适用。

统计学能够更好地帮助理解问题和数据本身,尤其是数据中的模型和隐藏空间。同时,统计学还可以总结各种模型和生成新数据的方式。

统计学是数据科学、深度学习和生成式建模的基础。在数据科学中,可以利用统计学来决定使用什么数据。在深度学习中,利用统计学来衡量模型的效率,而生成式建模则利用统计学来了解模型正在学习什么。

在进入生成式建模的统计学并理解隐藏空间之前,先来看一个工作实例。该实例也需要一段时间来训练,所以在模型训练的同时可以阅读3.3节的相关理论。

练习3-4将深入研究并建立一个VAE模型。VAE在结构和功能上类似于自动编码器,区别在于其学习编码部分。请记住,在自动编码器中,模型学习如何对数据的潜在表示进行编码,然后将其解码为原始数据。在VAE中,模型学习潜在编码的分布方式。现在先不需要理解数据分布,而是直接进入练习3-4,看看代码是如何工作的。

练习3-4:构建卷积VAE。

(1)打开GitHub网站上的GEN_3_conv_VAE.ipynb文件。如果不知道如何访问源代码,请查看附录B。

(2)选择运行时间►按钮,运行整个文件。就在第一个导入单元的下方,您会注意到一个检查设备类型的单元,如以下代码所示。

```
device = torch.device('cuda' if torch.cuda.is_available() else 'cpu')
device
```

(3)对于这个文件和所有未来的文件,将设定运行时间选项以使用图形处理器。通过选择运行时间➤按钮更改运行时间类型,显示了从菜单中访问的运行时间类型,如图 3-11 所示。

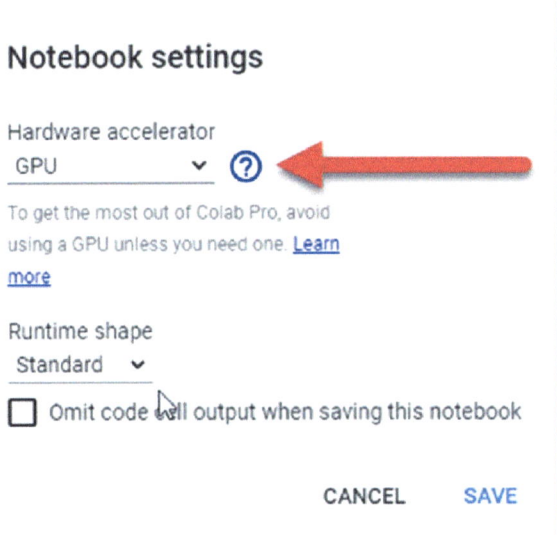

图 3-11　在 Colab 文件上更改运行时间类型

(4) 由于之前已经讨论过数据处理代码的后面几个部分,所以现在立刻切换到定义 ConvVAE 类和 __init__ 函数的单元处。

```
class ConvVAE(nn.Module):
    def __init__(self, image_channels=3, h_dim=1024, z_dim=32):
        super(ConvVAE, self).__init__()
        self.encoder = nn.Sequential(
            nn.Conv2d(image_channels, 32, kernel_size=4, stride=2),
            nn.ReLU(),
            nn.Conv2d(32, 64, kernel_size=4, stride=2),
            nn.ReLU(),
            nn.Conv2d(64, 128, kernel_size=4, stride=2),
            nn.ReLU(),
            nn.Conv2d(128, 256, kernel_size=4, stride=2),
            nn.ReLU(),
            Flatten())
        self.fc1 = nn.Linear(h_dim, z_dim)
        self.fc2 = nn.Linear(h_dim, z_dim)
        self.fc3 = nn.Linear(z_dim, h_dim)
        self.decoder = nn.Sequential(
```

```
            UnFlatten(),
            nn.ConvTranspose2d(h_dim, 128, kernel_size=5, stride=2),
            nn.ReLU(),
            nn.ConvTranspose2d(128, 64, kernel_size=5, stride=2),
            nn.ReLU(),
            nn.ConvTranspose2d(64, 32, kernel_size=6, stride=2),
            nn.ReLU(),
            nn.ConvTranspose2d(32, image_channels, kernel_size=6,
                    stride=2),
            nn.Sigmoid(),)
```

(5) 这段代码与之前的卷积自动编码器非常相似，关键区别是其使用了三个 nn.Linear 层，来负责学习中间的编码分布。之前定义了一个离散的数据大小作为学习分布（请耐心等待，稍后会详细探讨学习分布）。

(6) 先跳过 ConvVAE 类中的其余函数，向下找到定义优化器的代码块。

```
optimizer = torch.optim.Adam(model.parameters(), lr=learning_rate)
def loss_fn(recon_x, x, mu, logvar):
    BCE = F.binary_cross_entropy(recon_x, x, size_average=False)
    KLD = -0.5 * torch.mean(1 + logvar - mu.pow(2) - logvar.exp())
    return BCE + KLD, BCE, KLD
```

(7) 可以在前面的代码中看到一个专门的损失函数 loss_fn 的定义，该函数中的代码负责学习潜在编码分布（细节稍后讨论）。

(8) 来到训练代码的最后一部分。该部分与之前练习中的几乎相同。然而，需要注意的一个关键区别是以"images="开头的突出显示行。这一行将图像从中央处理器（central processing unit，CPU）张量转换为 GPU 张量，区别在于内存的存储位置和处理方式，在 GPU 上处理的张量可以将性能提高 100 倍以上。

```
for epoch in range(epochs):
    train_loss = 0.0
    for data in train_loader:
        images, labels = data
        optimizer.zero_grad()
        images = images.to(device)
        generated, mu, logvar = model(images)
        loss, bce, kld = loss_fn(generated, images, mu, logvar)
        loss.backward()
        optimizer.step()
        train_loss += loss.item()*images.size(0)
```

```
train_loss = train_loss/len(train_loader)
clear_output()
print(f'Epoch: {epoch+1} Training Loss: {train_loss:.3f}')
plot_images(generated.cpu().data,labels,16)
```

(9) 在您继续阅读 3.3 节时，请保持这个文件在执行训练中。请务必定期检查模型学习的进展情况。如果您对结果不满意，可以通过运行最后一个单元来保存模型训练。最后一个单元每运行一次将向模型额外增加 100 次迭代训练。

　　如果文件的运行时间没有进行重置，也没有过期，则可以继续增加训练模型。运行时可以在文件上手动重置，否则过一段时间谷歌云平台会自动将其终止。谷歌建议运行时间最好不超过 12h，但有几个因素可能会影响这一点，如运行的文件数量、是否使用 GPU 和流量限制等。

　　图 3-12 给出 VAE 经过 1、50 和 100 次迭代后的训练结果。注意 VAE 是如何在迭代中学习的，并尝试找出输出中的相似之处和不同之处。事实上，它看起来就像通过模型去看验光师，并被配上不同级别的眼镜。每一次训练迭代都是为了配一副更好的眼镜，从而使图像不那么模糊，更容易辨认。

　　在初步了解 VAE 的功能之后，现在需要了解模型内部是如何工作的，并在 3.3 节学习数据的分布或变化。

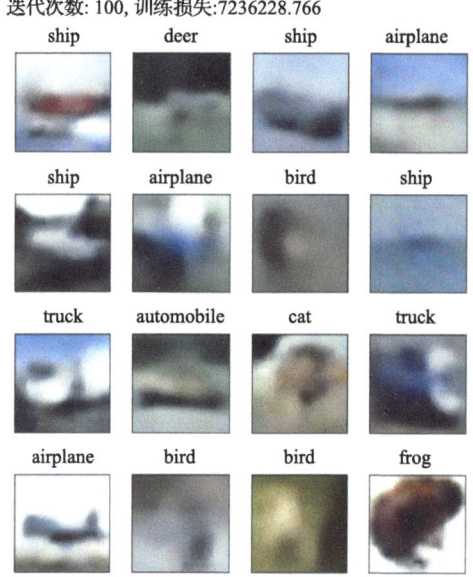

图 3-12　VAE 经过 1、50 和 100 次迭代后的训练结果

3.3　数据分布学习

在 VAE 中,模型不仅通过理解中间或隐藏空间的编码来学习,还通过理解编码本身的概率分布进行学习。通过了解编码的概率分布(或可变性)可以学习映射隐藏编码,并生成隐藏空间。

图 3-13 给出自动编码器与 VAE 的结构比较。图中,x 代表输入,x' 代表生成的输出,z 代表数据的隐藏编码或中间表示。略有不同的是,在 VAE 中,网络模型并不学习具体的编码,而是学习编码的概率分布(或可变性),然后使用学习到的概率分布参数对 z 进行重采样,并将其输入到解码器。

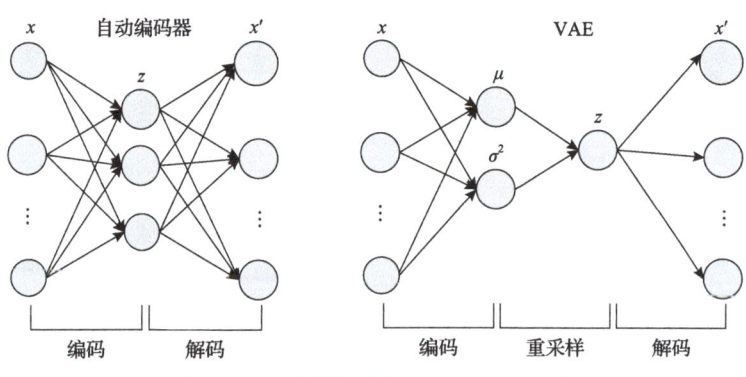

图 3-13　自动编码器与 VAE 的结构比较

VAE 模型学习的参数是平均值（μ）和方差（σ^2），这与数理统计中用来定义高斯正态分布的参数相同。通常情况下，默认数据是呈高斯正态分布的，但也要明白数据的概率分布形式还有很多。图 3-14 给出各种常用的概率分布，其中包括高斯正态分布，这是通常情况下大量数据都具有的分布样式。

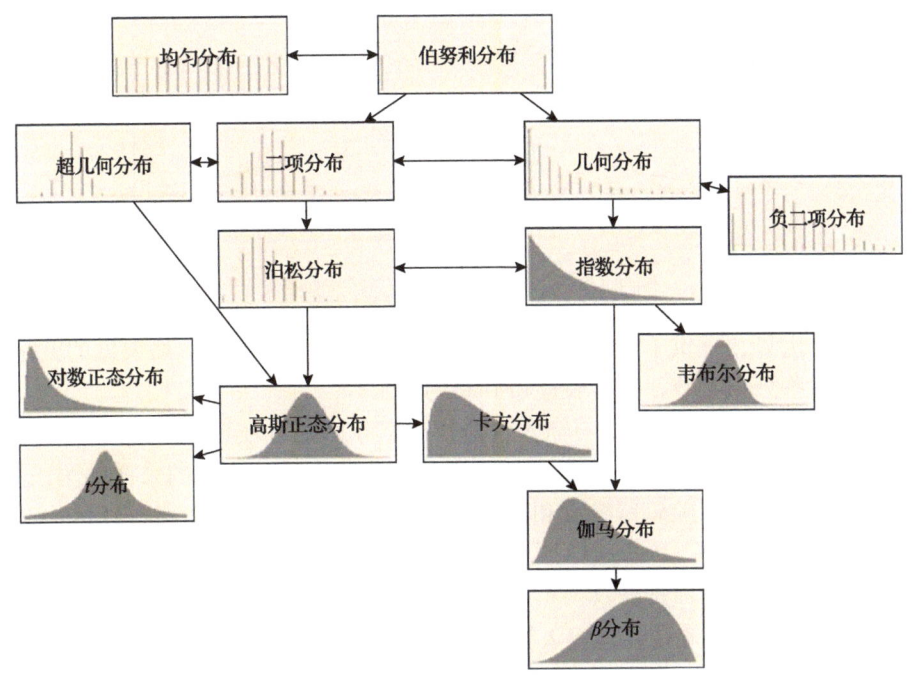

图 3-14　各种常用的概率分布

如图 3-15 所示的正态分布由两个参数定义，平均值（μ）和方差（σ^2）。在 VAE 中，可以让网络学习数据分布的平均值和标准差，并使用这些值来生成一个样本编码。然后，该样本编码被输入解码器，然后输出生成的图像。

在图 3-15 中，可以看到正态分布的形状是随着 μ 和 σ^2 的变化而变化的，其中平均值 μ 总是代表数据分布的中心值，方差 σ^2 则代表数据的分散程度或多样化。

通常，可以使用统计学来发现数据是如何分布的，或者它所代表的可变性。在 VAE 中，仍然需要学习数据的参数，只是现在关注的数据空间变成了该数据的隐藏空间表示。与试图学习一组训练图像的整个隐藏空间相比，它有以下三个优势：

第一个优势，通过学习隐藏空间可以大大减少数据量或数据的维度，这使 VAE 能够学习如何以更简单的形式表示特征，从而能够建立简单的高斯正态分布模型。对于复杂形式的数据，可能需要 VAE 来模拟更复杂的分布或分布集。

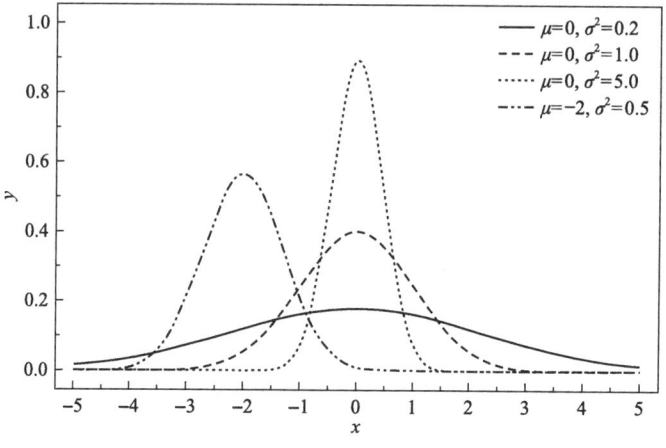

图 3-15 μ 和 σ^2 修正的正态分布示例

第二个优势，提供了从隐藏空间生成或映射新输出的能力，所要做的就是理解和控制这些分布参数，这样就能得到新的输出。

第三个优势，可以通过学习输入数据分布并将其转换为正态参数来生成输出。自动编码器和 VAE 之间的一个关键架构差异是发生在模型中间的采样操作，这个操作在本质上解耦了编码器模型和解码器模型，从而提供了更好的重用能力和进一步生成模型的机会。

当然，为了更好地理解这一点，需要进入另一个代码练习，看看这一切是如何形成的。在练习 3-5 中，将深入探索 VAE，了解它是如何学习编码空间的分布或可变性的。

练习 3-5：了解 VAE。

(1) 打开 GitHub 网站上的 GEN_3_conv_VAE_latent.ipynb 文件。如果不知道如何访问源代码，请查看附录 B。
(2) 选择运行时间▶按钮，运行整个文件。
(3) 向下跳转到类定义代码块、编码函数与解码函数，如下所示。

```
def bottleneck(self, h):
    mu, logvar = self.fc1(h), self.fc2(h)
    z = self.reparameterize(mu, logvar)
    return z, mu, logvar
def encode(self, x):
    h = self.encoder(x)
    z, mu, logvar = self.bottleneck(h)
    return z, mu, logvar
def decode(self, z):
```

```
        z = self.fc3(z)
        z = self.decoder(z)
        return z
    def forward(self, x):
        z, mu, logvar = self.encode(x)
        z = self.decode(z)
        return z, mu, logvar
```

(4) 请注意网络模型是如何限制使用 bottleneck 函数来生成 mu 和 logvar 或方差参数的。这些参数用于对分布中的 z 或编码表示进行采样。在 forward 函数中,可以看到如何使用 encode 来生成这些参数以及样本 z,而 z 作为编码被输入解码器,用于生成新的输出。

(5) 继续向下滚动至 loss_fn,如下所示。

```
    def loss_fn(recon_x, x, mu, logvar):
        BCE = F.binary_cross_entropy(recon_x, x, size_average=False)
        KLD = -0.5 * torch.mean(1 + logvar - mu.pow(2) - logvar.exp())
        return BCE + KLD, BCE, KLD
```

(6) 在这种情况下,自定义损失函数使用两种方法来测量学习到的分布和观察到的分布之间的差异。第一种技术为二元交叉熵,它测量了原始输入图像和重建图像之间的差异。这与测量普通自动编码器损失的方式没有什么不同。第二种技术称为 Kullback-Leibler 散度(Kullback-Leibler divergence,KLD),用于测量数据分布的实际差异。

(7) 图 3-16 给出 KLD 测量两个正态分布之间差异的原理图,正态分布的参数来自网络模型生成的 mu 和 logvar,其中阴影区域表示两种分布之间的差异。使用二元交叉熵和 KLD 计算综合损失,能够通过损失函数将这种分布差异最小化,并用来学习平均值和标准差。

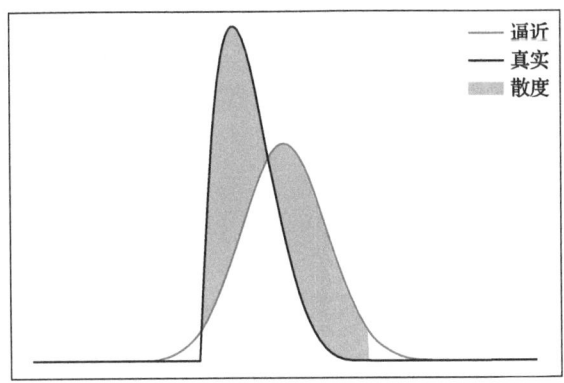

图 3-16　KLD 测量两个正态分布之间差异的原理图

(8) 运行文件,直到它至少完成 100 次迭代。生成一个更好的模型可以帮助理解 3.4 节的内容。
(9) 以下模块负责生成如图 3-17 所示的输出对比示例。在该图中,可以看到用于输入到 VAE 以生成输出图像的原始图像。考虑到 VAE 所学习的是映射输入图像的数据分布,所以其输出是相对较好的。

(a) 原始图像

(b) VAE重建

图 3-17 输入图像与生成输出图像的对比

```
import numpy as np
import matplotlib.pyplot as plt
plt.ion()
import torchvision.utils
def to_img(x):
    x = x.clamp(0, 1)
    return x
def show_image(img):
    img = to_img(img)
    npimg = img.numpy()
    plt.imshow(np.transpose(npimg, (1, 2, 0)))
def visualize_output(images, model):
    with torch.no_grad():
        images = images.to(device)
        images, _, _ = model(images)
        images = images.cpu()
```

```
        images = to_img(images)
        np_imagegrid = torchvision.utils.make_grid(images[1:50], 10,5).
                                                    numpy()
        plt.imshow(np.transpose(np_imagegrid, (1, 2, 0)))
        plt.show()
images, labels = iter(train_loader).next()
# 首先可视化原始图像
print('Original images')
show_image(torchvision.utils.make_grid(images[1:50],10, 5))
plt.show()
# 可视化 VAE 重建的图像
print('VAE reconstruction:')
visualize_output(images, model)
```

通过查看图 3-17 的输出结果，读者可能开始体会到学习图像中数据分布的作用。对于每一幅输入图像，VAE 首先学习图像中的数据或者像素是如何分布的，然后利用学习到的平均值和标准差中获取的信息来创建一个正态分布，接着从中随机取样。因此，VAE 重建中的每个输出图像都是从学习到的分布中随机取样的。

学习输入数据是如何分布的，并将其映射到一个已知或未知的函数，这个概念是深度学习生成式建模的核心。在后续章节的学习过程中，将反复使用这个概念。

3.4 隐藏空间可视化

在已经训练好的 VAE 模型的基础上，可以开始探索学习模型的隐藏空间。第 3 章的内容围绕理解隐藏空间的数据分布展开。现在可以打开隐藏空间，直观地观察里面的内容。

在 VAE 中，可视化隐藏空间编码的最好方法就是可视化输出或控制化输出，具体可以用几种方法来实现，在练习 3-6 中，将探索如何搜索学习后的 VAE 输出空间。

练习 3-6：继续了解 VAE。

(1) 跳转到 GEN_3_conv_VAE_latent.ipynb 文件的最新训练版本。如果需要再次训练文件，那么请重新运行所有代码单元。这个过程大约持续 1h，在后面会学习如何保存和恢复模型，但是现在只能重新开启训练。

(2) 在这个文件的底部有两个代码单元，允许将模型的输出随机或受控地映射到隐藏空间分布参数（平均值和标准差）上。

```
with torch.no_grad():
    # 从正态分布中采样潜在向量
    latent = torch.randn(60, 1024, device=device)
    # 利用潜在向量重建图像
    img_recon = model.decoder(latent)
    img_recon = img_recon.cpu()
    fig, ax = plt.subplots(figsize=(20, 20))
    show_image(torchvision.utils.make_grid(img_recon.data[:100],10,
                                          5))
    plt.show()
```

(3) 前面显示的第一个代码块使用 torch.randn 函数生成样本潜在向量，生成了 60 个维度为 1024 的向量。在 VAE 中使用的潜在向量维度是 1024，这个数字要比之前在探索自动编码器时使用的潜在向量维度大得多，这是为了解释更复杂的训练数据集。其余代码使用 model.decoder 将潜在向量作为输入，来生成一组新的图像。

(4) 图 3-18 给出随机隐藏空间生成的输出示例。这里输出有效表示完全随机向量输入到 VAE 解码器部分产生的输出。由图 3-18 可知，结果并不那么令人满意。

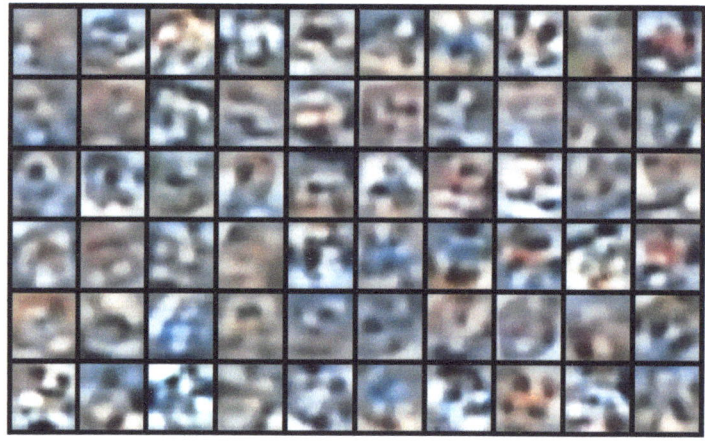

图 3-18　随机隐藏空间生成的输出示例

(5) 下一个代码块和上一个代码块演示了如何通过正态分布参数的循环，生成从已知分布中创建的样本，而不是随机样本，这能够帮助理解模型中数据和隐藏空间之间的可视区域是什么样的。

```
for std in np.arange(0.75, 1.5, 0.1):
    for mean in np.arange(-2, 3, 1):
        with torch.no_grad():
            # 正态分布中的潜在向量样本
```

```
latent = torch.normal(mean, std, size=(10, 1024),
                     device=device)
# 利用潜在向量重建图像
img_recon = model.decoder(latent)
img_recon = img_recon.cpu()
fig, ax = plt.subplots(figsize=(20, 20))
show_image(torchvision.utils.make_grid(img_recon.data[:100],
          10,5))
ax.axis('off')
print(mean, std)
plt.show()
```

(6) 现在不是直接生成一整批随机图像，而是每次更新标准差和平均值，生成一个由10幅图像组成的条带，能够确定这些参数的敏感度，而且直观地看到参数是如何生成输出的。

(7) 图3-19给出样本隐藏空间的输出示例，需要注意其中平均值和标准差的改变如何改变输出的外观，还要注意模型如何试图复制它所学到的特征，这种特征重建是由于卷积层创建了这些特征。在某些情况下，读者可能会看到属于特定类别（如猫或狗）的可识别特征，参见图3-19。

平均值：−1，标准差：1.75

平均值：0，标准差：1.75

平均值：1，标准差：1.75

图 3-19　样本隐藏空间的输出示例

(8) 现在已经介绍完 VAE 的工作原理，请试着对超参数 batch_size、learning_rate 和 epochs 进行调整优化，在这个过程中理解 VAE 的工作原理。

(9) 在此基础上，可以尝试将隐藏的潜在向量维度（h_dim）从 1024 改为其他数字，还可以尝试将超参数 z_dim 从 32 改为 64 或 16，这会产生什么效果呢？提示一下，可以在下方代码中找到这两个超参数。

```
class ConvVAE(nn.Module):
    def __init__(self, image_channels=3, h_dim=1024, z_dim=32):
```

在练习 3-6 中，能直观地探索模型中的隐藏空间。这项技术可以提供更好的反馈，帮助了解模型训练的效果及其训练内容。在本书中，将反复使用练习 3-1～练习 3-6 中的技巧。

探索 VAE 中的隐藏空间是非常有用的，并可以提供一些具体的指导。但是，对分布参数的映射仍然在很大程度上限制了模型的学习能力。不过，前面已经探索过 GAN 模型，并学习了数据的隐藏分布，第 4 章将继续深入探讨 GAN 的工作原理。

3.5 本章小结

为了构建有效且实用的生成模型，需要了解深度学习网络是如何开展学习的，还需要掌握网络模型如何拟合函数，以及对网络学习内容所造成的影响。在这些内容的基础上，详细探讨了各种超参数如何影响网络学习的方式和内容，并进一步介绍了如何在简单实例上调整这些超参数。

随后，深入分析了超参数是如何控制模型中的隐藏空间的，以及学习控制隐藏空间的维度如何更好地训练模型。在此基础上，进一步构建了通过理解隐藏空间及映射到隐藏空间的分布参数来开展学习的模型，即 VAE。

最后，分析了隐藏空间映射的参数性质，以及基于这些参数如何严格地构建输出，从而详细探讨了模型所学习的内容，以及它对输入数据的敏感度。虽然在本章中没有去寻找模型问题的解决方案，但将来肯定会寻找其他系统来改进它。

第 4 章将重新讨论 GAN，并继续探索它的多种变体。使用多种技术，GAN 可以轻松地控制模型生成中的隐藏空间，其中许多技术与分布学习有关。这些技术将采用更加可控的方式来生成内容。

第4章 生成对抗网络

尽管生成式建模技术已经诞生了几十年，但是在 GAN 被发明之前，该领域的大部分研究人员都没有意识到自己从事工作的重要性。至于是谁何时发明的 GAN，目前仍然存在一些争议。但有一件事是公认的，即 2014 年加拿大蒙特利尔大学的 Goodfellow 及其同事在重构对抗学习技术方面取得了突出成绩，获得了广泛赞誉。

归根结底，GAN 也是一种自动编码器，只不过是从自动编码器中分化且进一步发展起来的。Goodfellow 将自动编码器的概念向前推进了一步，引入了真正对抗意义上的生成器(艺术品伪造者)和判别器(艺术品鉴定者)的概念，并将其作为生成全新内容的技术。这种技术在生成新内容方面非常成功，导致这种简单模型发展到现在已经有数百种实现方式和更新方式。

本章将重新讨论 GAN 的原理，并研究已获得成功应用的多种改进版本。首先对 DCGAN 进行改进，并借此回顾 GAN 中的卷积概念。接着介绍瓦氏生成对抗网络(Wasserstein GAN，WGAN)，研究如何改进损失或距离的测量问题。随后探讨离散数据可能对 GAN 产生的影响，以及如何利用边界搜索生成对抗网络(boundary-seeking GAN，BSGAN)解决这一问题。然后过渡到通过改进相对生成对抗网络(relativistic GAN，RGAN)的损失测量来提高 GAN 的性能。最后再回到利用条件生成对抗网络(conditional GAN，CGAN)理解和控制隐藏空间。具体内容主要包括 DCGAN、GAN 的数学扩展、WGAN、离散型 BSGAN、RGAN、CGAN 等。

本章有大量代码示例，所有这些示例都使用了较大的训练数据集，以更好地演示基本概念。较大的训练数据集可能需要几个小时或者几天的训练时间。本章中的大多数练习可以在 1h 内完成，但有些可能需要较长的时间。

4.1 特征理解和深度卷积生成对抗网络

虽然在第 3 章已经探讨了 DCGAN，但并没有分析使该模型变得更好用的具体技术细节。前面已经介绍过卷积层有助于在二维图像中提取可见的特征，但对特征提取的重要性描述还不够详细。

在数据科学中，通常将特征提取描述为识别数据集中已知特征或未知特征的过程。虽然数据科学使用数据统计方法来提取特征，但深度学习有许多方法可以自动完成这一工作,卷积方法就是其中一种,它可以让模型学习到哪些特征对描述一个对象是重要的。

尽管卷积不是提取特征的唯一方法,但是对于大多数图像分类任务和识别任务,它都完成得很好。常规的卷积本身仅限于提取局部特征,如眼睛或鼻子等。后面章节还会介绍全局特征提取方法,它不仅可以识别鼻子,还可以将该特征与眼睛联系起来。

因为在第 2 章中已经介绍过 DCGAN,所以在接下来的练习中,将重点关注网络模型使用卷积学习或提取的内容。通过了解网络模型的学习算法和学习内容,可以推导出要生成的内容。在练习 4-1 中,将再次研究 DCGAN,但重点是要了解其中的特征学习技术和方法。

练习 4-1:DCGAN 的特征学习。

(1) 打开 GitHub 网站上的 GEN_4_DCGAN.ipynb 文件。如果不知道如何访问源代码,请查看附录 B。

(2) 通过选择运行时间➤按钮,运行整个文件。然后跳过代码的导入部分,查看第一个代码单元,其中有一个名为 Hyperparameters 的新类:

```
class Hyperparameters(object):
    def __init__(self, **kwargs):
        self.__dict__.update(kwargs)
hp = Hyperparameters(n_epochs=200,
                     batch_size=64,
                     lr=0.0002,
                     b1=0.5,
                     b2=0.999,
                     n_cpu=8,
                     latent_dim=100,
                     img_size=32,
                     channels=1,
                     sample_interval=400)
print(hp.lr)
```

(3) Hyperparameters 是一个字典辅助工具,允许在一个地方定义所有的超参数,这些超参数可以由字典或如下所示的键值对列表进行初始化。然后可以通过使用名称 hp 加上参数来引用一个超参数,如 print(hp.lr) 行所示。

(4) 下一个代码块包含之前已经讨论过的实用程序代码,之后是 Generator 的新定义。

```
class Generator(nn.Module):
    def __init__(self):
        super(Generator, self).__init__()
```

```python
        self.init_size = hp.img_size // 4
        self.l1 = nn.Sequential(nn.Linear(hp.latent_dim, 128 * self.
                        init_size ** 2))
    self.conv_blocks = nn.Sequential(
        nn.BatchNorm2d(128),
        nn.Upsample(scale_factor=2),
        nn.Conv2d(128, 128, 3, stride=1, padding=1),
        nn.BatchNorm2d(128, 0.8),
        nn.LeakyReLU(0.2, inplace=True),
        nn.Upsample(scale_factor=2),
        nn.Conv2d(128, 64, 3, stride=1, padding=1),
        nn.BatchNorm2d(64, 0.8),
        nn.LeakyReLU(0.2, inplace=True),
        nn.Conv2d(64, hp.channels, 3, stride=1, padding=1),
        nn.Tanh(),)
    def forward(self, z):
        out = self.l1(z)
        out = out.view(out.shape[0], 128, self.init_size, self.
                init_size)
        img = self.conv_blocks(out)
        return img
```

(5) 这个类与上一个生成器中使用的类非常相似,但是还是有一些细微的差别,使这个类更加抽象,可重用性更强。注意,GAN 中的普通生成器是从随机噪声中学习的,而判别器则是从既定或基础事实中学习的。

(6) 接下来创建一个 Discriminator 类,它显示的是一个新版本的 DCGAN 判别器。

```python
class Discriminator(nn.Module):
    def __init__(self):
        super(Discriminator, self).__init__()
        def discriminator_block(in_filters, out_filters, bn=True):
            block = [nn.Conv2d(in_filters, out_filters, 3, 2, 1),
                    nn.LeakyReLU(0.2, inplace=True),
                    nn.Dropout2d(0.25)]
            if bn:
                block.append(nn.BatchNorm2d(out_filters, 0.8))
            return block
        self.model = nn.Sequential(
```

```
            *discriminator_block(hp.channels, 16, bn=False),
            *discriminator_block(16, 32),
            *discriminator_block(32, 64),
            *discriminator_block(64, 128),)
        # 下采样图像的高度和宽度
        ds_size = hp.img_size // 2 ** 4
        self.adv_layer = nn.Sequential(nn.Linear(128 * ds_size ** 2, 1),
                                       nn.Sigmoid())
    def forward(self, img):
        out = self.model(img)
        out = out.view(out.shape[0], -1)
        validity = self.adv_layer(out)
        return validity
```

(7) 定义模型和创建损失函数的单元。注意这里如何选择使用 CUDA，以及如果使用 GPU，如何定义模型。

```
loss_fn = torch.nn.BCELoss()
generator = Generator()
discriminator = Discriminator()
if cuda:
    generator.cuda()
    discriminator.cuda()
    loss_fn.cuda()
# 初始化权重
generator.apply(weights_init_normal)
discriminator.apply(weights_init_normal)
```

(8) 将剩余代码向下滚动至最后一个单元，这里定义了所有的训练。请注意，这里分别用 0.0 或 1.0 来定义伪图像和真图像，与之前的定义略有不同。

```
for epoch in range(hp.n_epochs):
  for i, (imgs, _) in enumerate(dataloader):
    valid = Variable(Tensor(imgs.shape[0], 1).fill_(1.0),
                     requires_grad=False)
    fake = Variable(Tensor(imgs.shape[0], 1).fill_(0.0),
                    requires_grad=False)
    real_imgs = Variable(imgs.type(Tensor))
    optimizer_G.zero_grad()
```

```
        z = Variable(Tensor(np.random.normal(0, 1, (imgs.shape[0],
                    hp.latent_dim))))
        gen_imgs = generator(z)
        g_loss = loss_fn(discriminator(gen_imgs), valid)
        g_loss.backward()
        optimizer_G.step()
        optimizer_D.zero_grad()
        real_loss = loss_fn(discriminator(real_imgs), valid)
        fake_loss = loss_fn(discriminator(gen_imgs.detach()),fake)
        d_loss = (real_loss + fake_loss) / 2
        d_loss.backward()
        optimizer_D.step()
        batches_done = epoch * len(dataloader) + i
        if batches_done % hp.sample_interval == 0:
            clear_output()
            print(f"Epoch:{epoch}:It{i}:DLoss{d_loss.
                item()}:GLoss{g_loss.item()}")
    visualize_output(gen_imgs.data[:50],10, 10)
```

(9) 当文件运行时，观察图像是如何生成的，特别需要注意图像生成的块状特征。这些块状的特征是卷积特征提取过程的结果。如果需要回顾 CNN 层的图像特征提取过程，请查阅第 2 章相关内容。

图 4-1 显示了 DCGAN 在训练过程中不同采样点生成图像结果。从表面上看，这些图像似乎是由各种补丁拼接而成的，或者最合适的说法是提取的特征图像。

由于能够对图像进行特征学习和特征提取，DCGAN 较原来的普通 GAN 有了重大改进。从视觉上看，结果相当不错，但该模型也有局限性，这从学习到的图像特征方块存在明显的拼接痕迹就可以看出来。这并不意味着卷积或生成式建模中的特征提取概念受到限制，在使用卷积或循环层等特征提取层时，需要考虑的是提取细节和上下文信息。在卷积中，细节被限制在最小卷积层的最小补丁尺寸，并且上下文信息始终是局部化的。

循环层是深度学习层的一种特殊形式，可以学习或提取数据中的序列。这些类型的层通常用于提取时间序列数据或自然语言文本分析中的特征。可以想象，它们能够从视频数据或数据序列中提取特征，但这并不是一个有效的解决方案。由于循环神经网络的计算成本很高，而且现阶段可以使用其他解决方案来执行相同类型的特征提取，所以在本书中不会进一步探讨循环神经网络。

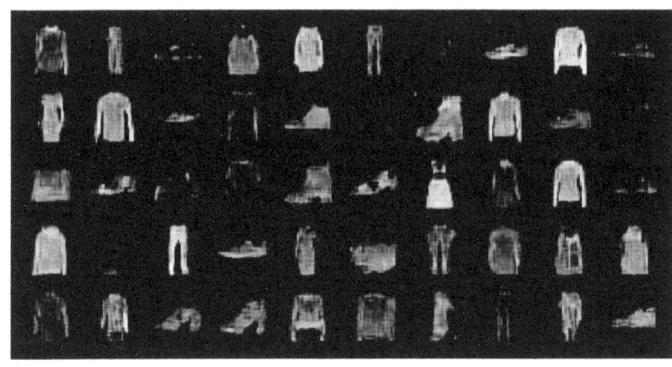

(a) 迭代20次

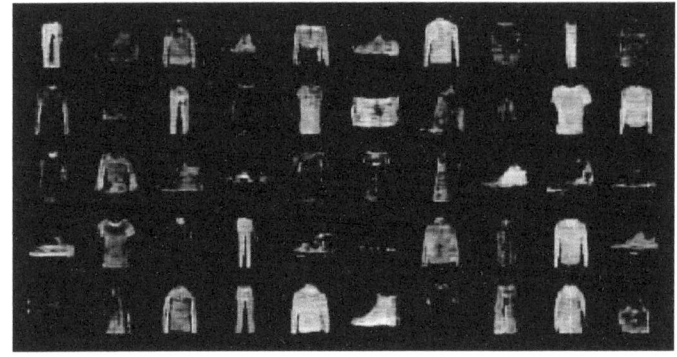

(b) 迭代83次

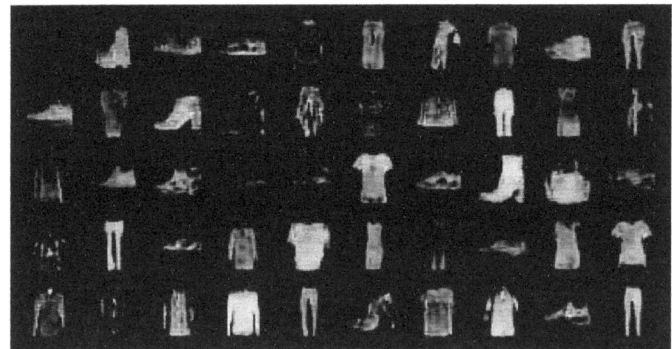

(c) 迭代199次

图 4-1　DCGAN 在训练过程中不同采样点生成图像结果

  由于卷积在应用于生成式建模时可能会受到一定的限制，所以本书将研究其他能够提供更好结果的方法。但是，输出结果本身往往是由试图模拟的输入数据决定的。在 4.2 节中，将继续讨论生成对抗网络的数学基础，以了解可能的更好方法。

4.2 生成对抗网络的数学基础

为了更好地理解 GAN 是如何学习的，需要理解其数学原理或者至少理解数学背后的基本概念。在第 3 章讨论 VAE 时，已经介绍过一些基础的数学知识，其中 VAE 是通过对输入数据分布的理解和建模进行学习的，然后从所学的分布中生成样本。

事实证明，GAN 的数学原理与 VAE 一样，也是通过理解它们试图判别或生成的分布来进行学习的，然而两者使用的数学推导公式略有不同。目前，重要的是了解 GAN 在底层是如何工作的，以便在以后的训练中修复或解决出现的问题。

下面首先讨论 GAN 中使用的基本损失函数，即二元交叉熵损失函数，其表达式为

$$L(\breve{y}, y) = [y \times \lg(\breve{y}) + (1 - y) \times \lg(1 - \breve{y})] \tag{4-1}$$

式中，y 为原始数据；$\breve{y}$ 为生成数据。

为了优化这个损失函数，首先要确定判别器的损失值。当训练判别器时，对于真实数据，假设 $y = 1$。相反，对于生成的数据，假定 $\breve{y} = D(x)$，然后将其代入式(4-1)，得到判别器的损失值为

$$L(D(x), 1) = \lg(D(x)) \tag{4-2}$$

对于生成器生成的输出，假设 $y = 0$（伪造数据），然后 $\breve{y} = D(G(z))$，其中 z 代表随机样本向量空间。代入损失方程式(4-1)，得到生成器的损失值为

$$L(D(G(z)), 0) = \lg(1 - D(G(z))) \tag{4-3}$$

将两个方程的损失合并并最大化，从而确定判别器的总损失值为

$$L^{(D)} = \max[\lg(D(x)) + \lg(1 - D(G(z)))] \tag{4-4}$$

由于生成器与判别器相互对抗，其工作是执行相反的操作，因此可以用式(4-5)计算生成器的最小损失：

$$L^{(G)} = \min[\lg(D(x)) + \lg(1 - D(G(z)))] \tag{4-5}$$

为了简化这一观点，可以用简化方程将这两个方程结合起来，即

$$L = \min_{G} \max_{D} [\lg(D(x)) + \lg(1 - D(G(z)))] \tag{4-6}$$

由于之前的损失函数只定义了单个像素或数据点的损失量，为了覆盖整个图像或一组数据，需要展开这个方程，以匹配 Goodfellow 及其同事关于 GAN 的原始 GAN 方程。

$$\min_{G}\max_{D} V(G,D) = \min_{G}\max_{D} \{E_{xPdata(x)}[\lg(D(x))] + E_{zP(z)}[\lg(1-D(G(z)))]\} \quad (4\text{-}7)$$

式中，$E_{xPdata(x)}$ 为真实数据的预期分布；$E_{zP(z)}$ 为伪造数据的预期分布。

这意味着要尽量优化预期生成的分布，以匹配真实或实际的数据分布。同样，这与之前对 VAE 的研究并无不同，当时的目标是优化采样分布，经常会看到式(4-7)被改写为

$$V(G,D) = E_x[\lg(D(x))] + E_z[1-\lg(1-D(G(z)))] \quad (4\text{-}8)$$

现在的问题是，生成器学习模拟真实数据分布能达到什么程度。然而在实践中，如果生成分布和真实分布之间的差异太大，生成器将停止运转，并且会出现梯度消失的问题。

图 4-2 给出理解生成器和判别器的预期示意图，展示了在训练过程中，预期的生成分布和判别器对真实分布的预期如何收敛或发散。随着判别器在识别伪造图像和真实图像方面能力的提升，可能会增大生成分布和真实分布之间的差异。同样，如果生成器配置不佳，可能会以较差的预期开始，或者无法学习预期分布。

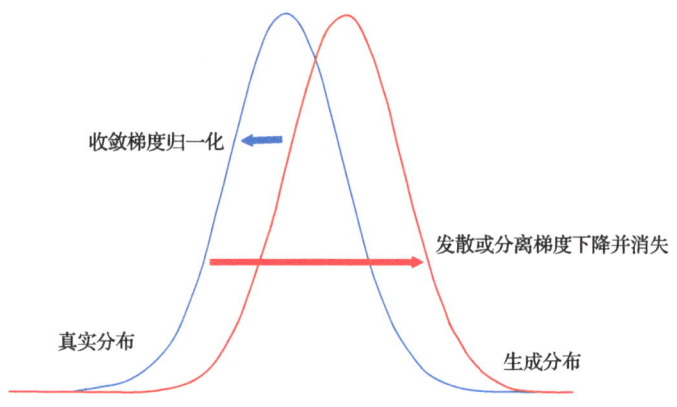

图 4-2 理解生成器和判别器的预期示意图

如果预期的真实分布和生成分布变得过于多样化或分散而没有重叠，那么生成器将出现梯度消失的情况。梯度消失是一个问题，它会使损失梯度变得非常小，以至于对训练模型无效。此时会看到，生成器模型将停滞不前，没有任何进展。

梯度消失背后的数学原理超出了本书的研究范围，因此不予讨论。然而，随着预期真实分布和生成分布的发散和没有重叠，梯度消失就成为模型训练的问题，从

梯度消失现象的研究中可以得出两方面的结论：

第一，生成器模型和判别器模型需要同步训练，不要让任何一方明显优于另一方。预期的真实分布和生成分布越匹配，模型训练得越好。早期，判别器太擅长识别真伪，这会使生成器面临无法克服的挑战，从而导致无法生成新内容。

第二，通过了解可能出现的问题，可以寻求更先进的解决方案来尝试解决生成器的训练问题。近些年，在生成对抗网络的研究领域，先后引入了数百种新方法来尝试解决这些问题。

值得注意的是，有几种方法可以确定距离，也可以使用不同的方法来计算这个距离。下面要研究的第一种方法称为 Wasserstein 距离，因此其对应的生成对抗网络为瓦氏生成对抗网络（Wasserstein GAN, WGAN）。

4.3 瓦氏生成对抗网络

Wasserstein 距离是一种测量两个分布(生成分布或真实分布)之间相异点的方法，它使用单个标量距离来测量将一个分布转换为另一个分布的工作量。通俗地讲，读者可以想象有两堆质量和大小都相等的土堆，但是两者的形状却不同，Wasserstein 距离就是将堆土 1 的形状转化为堆土 2 的形状所需的工作量，如图 4-3 所示。

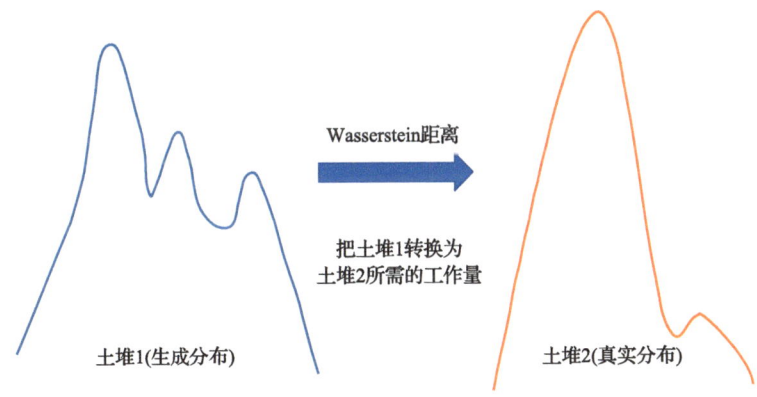

图 4-3　Wasserstein 距离

这意味着可以忽略两个分布之间的距离，从而大大简化数学运算。由于不再担心距离问题，损失函数也就简化了，其可以专注于描述真实与虚假之间的差异。这也意味着，判别器不能再区分真伪，而只能进行差异性的评判。因此，现在称判别器为评论家。

这种测量两个分布距离的方法也称为推土机距离（earth mover's distance，EMD），该术语用离散量表示将材料/土从一堆移到另一堆所需的工作量。简单地说，可以想象成用一辆卡车将一堆土从一个地方运到另一个地方，需要跑多少趟。

将评论家和生成器的损失函数要进行的所有数学运算分解为

$$\begin{cases} 评论家损失：D(x) - D(G(z)) \\ 生成器损失：D(G(z)) \end{cases} \tag{4-9}$$

这里的关键区别是，生成器试图使函数最大化，而在普通的 GAN 中，生成器试图使损失最小化。

这些假设还会导致一些其他的关键性差异。首先，需要将网络中的权重控制在一定范围内，以避免评论家或判别器中出现梯度消失或梯度爆炸。其次，需要增加评论家的训练迭代次数，以便能够更快地拟合真实分布。采用这种方式构建的 GAN 就是 WGAN。

在了解这种工作方式的基本概念之后，下面介绍一个具体的代码示例，以深入分析 WGAN 在实践中是如何工作的。在练习 4-2 中，将呈现从 MNIST 时装数据集中训练的 WGAN 的具体实现过程。请注意，要熟悉 MNIST 等基准训练数据集，以便更好地了解各种 GAN 之间的差异。

练习 4-2：探索 WGAN。

(1) 打开 GitHub 网站上的 GEN_4_WGAN.ipynb 文件。如果不知道如何访问源代码，请查看附录 B。

(2) 通过选择运行时间▶按钮，运行整个文件。然后跳过导入单元，查看带有超参数类的第一个代码单元，并检查新的超参数 n_critic 和 clip_value。

```
class Hyperparameters(object):
    def __init__(self, **kwargs):
        self.__dict__.update(kwargs)
hp = Hyperparameters(n_epochs=200,
                     batch_size=64,
                     lr=0.00005,
                     n_cpu=8,
                     latent_dim=100,
                     img_size=32,
                     channels=1,
                     n_critic=25,
                     clip_value=0.005,
                     sample_interval=400)
```

(3) 新的超参数是 n_critic 和 clip_value。n_critic 定义了训练中评论家的迭代次数，而 clip_value 设置了评论家/判别器的权重上限。

(4) 向下滚动到最后一个代码块,也就是训练模块。该示例中的大部分代码在前面的示例中已经介绍过,此处不再赘述。

(5) 下面重点关注从评论家/判别器损失开始的训练代码的内部模块,如下所示:

```
valid = Variable(Tensor(imgs.shape[0], 1).fill_(1.0),
                requires_grad=False)
fake = Variable(Tensor(imgs.shape[0], 1).fill_(0.0),
               requires_grad=False)
real_imgs = Variable(imgs.type(Tensor))
optimizer_G.zero_grad()
z = Variable(Tensor(np.random.normal(0, 1,(imgs.shape[0],
             hp.latent_dim))))
fake_imgs = generator(z).detach()
d_loss = -torch.mean(discriminator(real_imgs))
        +torch.mean(discriminator(fake_imgs))
d_loss.backward()
optimizer_D.step()
```

(6) 上述代码生成了前面看过的有效张量和伪造张量的基本事实。之后,可以看到从批处理中提取的 real_imgs 和从随机 z 中生成的 fake_imgs 的集合。之后,用传入判别器的 real_imgs 的平均值减去传入判别器的 fake_imgs 的平均值计算出评论家/判别器损失。在普通的 GAN 中,将使用二元交叉熵损失函数来测量损失。

(7) 接下来进行权重调整,此处需要将权重控制在一个狭窄范围之内,以避免梯度爆炸。

```
for p in discriminator.parameters():
    p.data.clamp_(-hp.clip_value, hp.clip_value)
```

(8) 控制生成器损失的迭代部分,以 if 语句开始。

```
if i % hp.n_critic == 0:
  optimizer_G.zero_grad()
  gen_imgs = generator(z)
  g_loss = -torch.mean(discriminator(gen_imgs))
  g_loss.backward()
  optimizer_G.step()
```

(9) if 语句控制每次评论家训练过程中生成器如何运行。大部分代码都是熟悉的,但请注意对生成器损失 g_loss 计算的简化。

第 3 章曾尝试探索运行更高级的 GAN(如 DCGAN),但该训练示例的输出有些令人失望。很明显,WGAN 并不适合或不具备学习 MNIST 时装数据集的条件。如果使用不同的数据集,则可能会得到更好的结果。

MNIST 时装数据集的问题在于,图像的构成过于多样化,很难学习一个共同的或普遍的预期分布，换句话说，鞋子的图像与毛衣或裤子的图像差别太大。随着尝试训练的数据类别或领域越来越多，该问题也变得越来越复杂。

虽然可以通过特征提取来解决不同领域的学习问题，但在理想情况下，希望通过研究如何管理或表征跨域或跨类的损失，从源头上解决这个问题。

4.4 边界搜索生成对抗网络

在进行网络模型训练时，可以将图像或其他数据中的视觉差异描述为类别，在 MNIST 时装数据集中，有 10 个具有相似性和关键差异的类别，图 4-4 显示了 MNIST 时装数据集中各类别数据之间的差异。

标签	描述	例子
0	T恤/上衣	
1	裤子	
2	套衫	
3	连衣裙	
4	外套	
5	凉鞋	视觉边界
6	衬衫	视觉边界
7	运动鞋	视觉边界
8	包	视觉边界
9	短靴	视觉边界

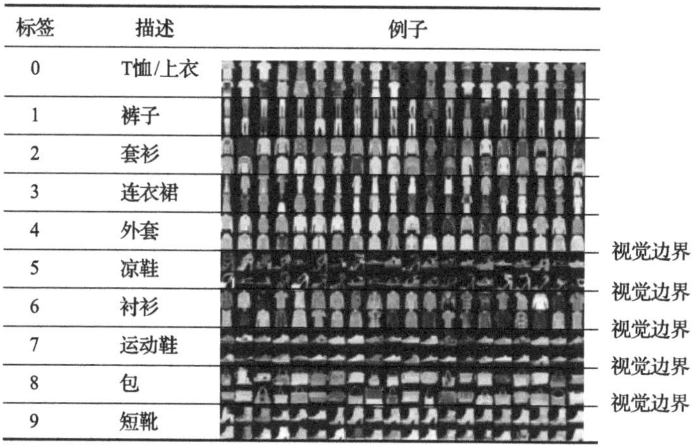

图 4-4 MNIST 时装数据集中各类别数据之间的差异

在图 4-4 中，可以清楚地看到一些类别在视觉上是相似的，而另一些类别则不然。如果把训练集减少到只有前五个类别（T恤/上衣、裤子、套衫、连衣裙和外套），模型生成就会更简单。

在该示例中，对图像的视觉感知等同于预期分布。只要数据容易归纳概括，这种方法就很有效。仔细观察图 4-4 中的凉鞋组，特别要注意每个图像的视觉细节，细节也可以等同于要学习数据集的更复杂的预期分布。

MNIST 时装数据集中各类别数据之间的差异对 GAN 造成问题的原因是，深度学习网络通过微积分进行学习。如果使用微积分，则输入数据应该始终是连续的，也就是说，它必须包含易于归纳的共同数据，并且可以在不同的图像之间进行转换。对 MNIST 时装数据集而言，在许多地方，两幅图像的转换并不是连续过渡的，如凉鞋转换为套衫。

通过研究如何计算损失，就可以解决 GAN 存在的这些问题。Hjelm 及其同事在一篇题为"边界搜索生成对抗网络"[1]的论文中提出了新的思路，其核心思想是使用重要性权重来衡量预期分布差异。

重要性权重或加权是对图像或数据集的更重要特征赋予更大权重值的方法，具有对某个或某些类别的重要特征进行隔离的效果，从而允许模型学习更多离散的或变化的类别数据集。

使用重要性采样可以推导出策略梯度解决方案，以更好地拟合损失。重要性采样是估计重新生成分布所需参数的技术，策略梯度方法有其强化学习的背景，是使用参数化解决方案来优化损失的简单方法。

强化学习是使用奖励来指导模型（也称为代理）开展学习的方法。与无监督学习一样，代理可以通过试错来探索自主学习。这种学习形式有可能被用于未来的生成式建模的解决方案中，但这不是本书将要探讨的内容。策略梯度方法是强化学习算法的子集，它试图使用梯度裁剪策略实现收敛。

BSGAN 和普通 GAN 之间的差异是很微小的，可以通过运行代码并观察结果来识别。在练习 4-3 中，会采用这样的方法，并在 MNIST 时装数据集上再次使用 BSGAN。

练习 4-3：用 BSGAN 打破界限束缚。

(1) 打开 GitHub 网站上的 GEN_4_Boundary_Seeking_GAN.ipynb 文件。如果不知道如何访问源代码，请查看附录 B。

(2) 通过选择运行时间 ▶ 按钮，运行整个文件。然后跳过导入单元，查看第一个带有 Hyperparameters 类的单元，查看超参数，所有这些操作前面都进行了介绍。

(3) 唯一的变化是损失的确定和函数的定义方式，如下所示。

```
def boundary_seeking_loss(y_pred, y_true):
    """
    Boundary seeking loss.
    Reference:
    https://wiseodd.github.io/techblog/2017/03/07/boundary-seeking-
    gan/
    """
    return 0.5 * torch.mean((torch.log(y_pred)- torch.log(1 - y_pred))
    ** 2)
d_loss_fn = torch.nn.BCELoss()
generator = Generator()
```

---

[1] Hjelm R D, Jacob A P, Che T, et al. Boundary-seeking generative adversarial networks[C]//International Conference on Learning Representations，2018.

```
discriminator = Discriminator()
if cuda:
    generator.cuda()
    discriminator.cuda()
    d_loss_fn.cuda()
```

(4) 可以看到定义的 boundary_seeking_loss 函数和用于确定该损失的方程。该方程如下所示：

$$\frac{1}{2} \times \text{mean}$$

(5) 这个方程就是生成器的损失，请注意方程中没有使用 y_true 或 x。这也与策略梯度方法有关，它关注的是预测值而不是实际值。

(6) 向下滚动到训练代码块，可以看到这个新的损失公式是如何用于生成器训练的。

```
# 生成器损失
gen_imgs = generator(z)
# 衡量欺骗判别器的能力
g_loss = boundary_seeking_loss(discriminator(gen_imgs), valid)
g_loss.backward()
optimizer_G.step()
# 判别器损失
optimizer_D.zero_grad()
real_loss = d_loss_fn(discriminator(real_imgs), valid)
fake_loss = d_loss_fn(discriminator(gen_imgs.detach()), fake)
d_loss = (real_loss + fake_loss)/2
```

(7) 加黑突出显示的行是训练循环中唯一更改的代码。通过这一行代码和对损失计算的微小改动，可以从根本上改变结果。

图 4-5 给出在 MNIST 时装数据集上运行 BSGAN 的早期结果。从图中可以清楚地看到，BSGAN 能够分辨服装的类别并开始生成它们。WGAN 最初在寻找共同点时很困难，与之相反，BSGAN 几乎可以立即区分不同的类别。

然而，在充分训练 BSGAN 之后，仍然没有完全达到所希望的效果。这更多地与类别的多样和特定类别（如凉鞋）的细节数量有关。事实上，如果考虑到最终的训练输出，就会注意到特定类别（如凉鞋）代表性很差。

本来期望通过更长期的训练，最终获得良好的结果，但正如读者所看到的，这个模型仍具有一定的局限性。BSGAN 是为了处理具有离散边界的数据而开发的，也可以很好地适用于其他离散形式的数据，如包含不连续数据的表格数据集。

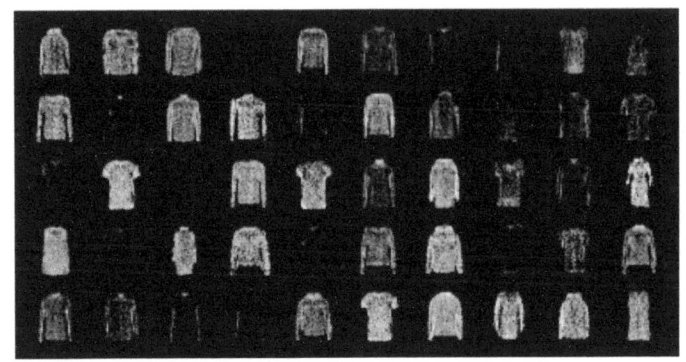

图 4-5 在 MNIST 时装数据集上运行 BSGAN 的早期结果(迭代 69 次)

4.5 相对生成对抗网络

前面已经研究了两种不同的方法来确定 GAN 中的损失,对于普通或标准的 GAN,损失值是以绝对值来衡量的。WGAN 使用 EMD 算法以更具有相对性的方法来确定损失,能够解释之前在标准 GAN 中出现的训练缺陷。

相对生成对抗网络(relativistic GAN, RGAN)使用相对方法来计算 GAN 中的距离或损失。在标准 GAN 中,判别器估算真实数据为真的概率,而生成器的工作是提高伪造数据被判别为真实数据的概率。然而,RGAN 的创建者要对它的生成器另做说明,即降低真实图像为真的概率。

考虑到数据总有 50%是伪造的,而且伪造数据变得越来越真实,GAN 可以使用先前观察到的结果来推断图像是真实的还是伪造的。其结果是,相对判别器可以解释预期分布是如何通过学习随时间变化的,其改变了生成器的损失函数,如式(4-10)所示。

$$L^{(G)} = \text{logit}(D(G(z)) - (D(x), 1) \qquad (4\text{-}10)$$

式中,logit 为二元交叉熵损失函数 $\lg\left(\dfrac{x}{1-x}\right)$。

logit 函数通常被描述为概率函数,反馈的是给定预期概率的结果为真或伪的概率。RGAN 的判别器将两种形式的损失作为输入,即真实数据的损失和伪造数据的损失,其计算公式为

$$L^{(D)}_{\text{real}} = \text{logit}((D(x)) - D(G(z)), 1) \qquad (4\text{-}11)$$

$$L^{(D)}_{\text{fake}} = \text{logit}(D(G(z) - (D(x))), 0) \qquad (4\text{-}12)$$

$$L_{\text{total}}^{(D)} = \frac{L_{\text{real}}^{(D)} + L_{\text{fake}}^{(D)}}{2} \tag{4-13}$$

使用 logit 函数将输出从预期可能性变成预期概率。换句话说，不用再预测数据的真伪，而是预测数据真伪的概率。该想法过于考虑过去对数据的影响，输出结果可能与事实相差甚远。

RGAN 的作者还提出了另一种方法，即将计算出的概率与真实或预测数据的平均值和平均概率进行比较，将这种变化称为相对平均生成对抗网络 (relativistic average GAN，RaGAN)。

既然已经对损失值的工作原理有了更深刻的理解，现在可以探究在 PyTorch 中的具体实现。在练习 4-4 中，将探索采用 RGAN 和 RaGAN 在 MNIST 时装数据集上的训练。

练习 4-4：RGAN 和 RaGAN。

(1) 打开 GitHub 网站上的 GEN_4_Relativistic_GAN.ipynb 文件。如果不知道如何访问源代码，请查看附录 B。

(2) 选择运行时间▶按钮，运行整个文件。然后跳过导入单元，查看第一个包含 Hyperparameters 类的代码单元，并检查超参数，所有这些参数之前都介绍过。有一个称为 rel_avg_gan 的新超参数，它控制着 GAN 是作为 RGAN 还是 RaGAN 运行。

(3) RGAN 使用卷积进行额外的特征提取。该生成器类似于前面的 DCGAN，但判别器的架构有所不同，如下所示。

```
class Discriminator(nn.Module):
  def __init__(self):
    super(Discriminator, self).__init__()
    def discriminator_block(in_filters, out_filters, bn=True):
      block = [nn.Conv2d(in_filters, out_filters, 3, 2, 1),
        nn.LeakyReLU(0.2, inplace=True), nn.Dropout2d(0.25)]
      if bn:
        block.append(nn.BatchNorm2d(out_filters, 0.8))
      return block
    self.model = nn.Sequential(
      *discriminator_block(hp.channels, 16, bn=False),
      *discriminator_block(16, 32),
      *discriminator_block(32, 64),
      *discriminator_block(64, 128),)
    # 下采样图像的高度和宽度
    ds_size = hp.img_size // 2 ** 4
```

```
            self.adv_layer = nn.Sequential(nn.Linear(128 * ds_size ** 2,
                            1))
    def forward(self, img):
        out = self.model(img)
        out = out.view(out.shape[0], -1)
        validity = self.adv_layer(out)
        return validity
```

(4) 请注意是如何定义一个称为 discriminator_block 的内部函数的,它设置了卷积层。
(5) 现在跳到训练循环,看看内部代码如何用更新的方程来计算损失。

```
# 生成器
optimizer_G.zero_grad()
z = Variable(Tensor(np.random.normal(0, 1, (imgs.shape[0],
              hp.latent_dim))))
gen_imgs = generator(z)
real_pred = discriminator(real_imgs).detach()
fake_pred = discriminator(gen_imgs)
if hp.rel_avg_gan:
    g_loss = loss_fn(fake_pred-real_pred.mean(0,keepdim=True),valid)
else:
    g_loss = loss_fn(fake_pred - real_pred, valid)
g_loss.backward()
optimizer_G.step()
# 判别器
optimizer_D.zero_grad()
real_pred = discriminator(real_imgs)
fake_pred = discriminator(gen_imgs.detach())
if hp.rel_avg_gan:
    real_loss = loss_fn(real_pred - fake_pred.mean(0, keepdim=True),
                    valid)
    fake_loss = loss_fn(fake_pred - real_pred.mean(0, keepdim=True),
                    fake)
else:
    real_loss = loss_fn(real_pred - fake_pred, valid)
    fake_loss = loss_fn(fake_pred - real_pred, fake)
d_loss = (real_loss + fake_loss) / 2
```

```
d_loss.backward()
optimizer_D.step()
```

(6) 完成训练并返回,把 rel_avg_gan 超参数切换为 false 或 true。最后比较 RGAN 和 RaGAN 的结果。

图 4-6 给出了在 MNIST 时装数据集上训练 RGAN 的早期结果。与之前的结果相比,图 4-6 的结果相当好。请注意,在 DCGAN 中观察到的特征补丁问题也得到了解决,读者还能发现服装上的细节,如有问题的凉鞋。

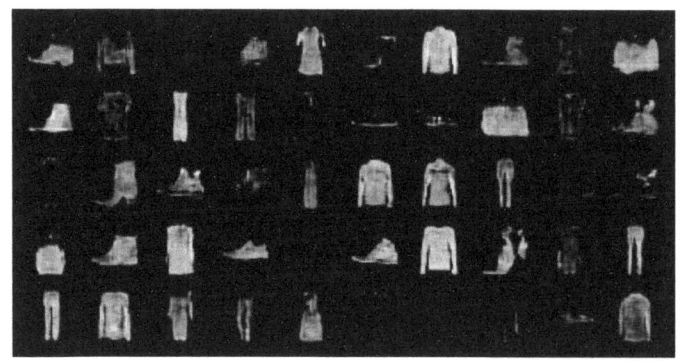

图 4-6 在 MNIST 时装数据集上训练 RGAN 的早期结果(迭代 21 次)

目前,本章研究了 4 种使用不同损失函数的 GAN 模型,希望能改善生成结果。此外,还研究了如何在 WGAN 和 RGAN 中,将损失函数的描述方法从绝对量改变为相对量,使用 BSGAN 对离散或边界数据进行更好的分类。

4.6 条件生成对抗网络

正如之前讨论的,在 GAN 中,有几种变化形式可以解释损失或预期损失。但这些方法都期望 GAN 能够在没有帮助的情况下,学习整个图像或其他数据,这就要求 GAN 不仅要学习什么是伪造的,什么是真实的,还要了解隐藏数据域。

隐藏数据域是 GAN 或其他模型的隐藏空间,GAN 需要自己学习该域,以生成隐藏数据域或类别的逼真图像。本章是以 MNIST 时装数据集为例进行 GAN 训练的,这个数据集由 10 个类别组成,有些类别较其他类别更为独特,GAN 也必须学习这些类别。当探究更加多样和详细的类别(如凉鞋)并比较其结果时,也会带来不少问题。

因此,可以给 GAN 提供简单的解决方案,即将标签与数据一起输入,这是非常正常的处理方式。可以告诉 GAN 不仅要学习这个图像,还要知道这个图像属于哪个类别或领域。这样，就不需要再改变损失函数，只需要改变一般损失函数的输入，如式(4-14)所示。

$$L = \min_{G} \max_{D} [\lg(D(x,\text{label})) + \lg(1 - D(G(z,\text{label})))] \tag{4-14}$$

这里最大的变化是，可以将标签和数据一起输入判别器和生成器中。将标签输入模型中，就可以解决模型中的困难，并让模型自己学习域或类别。事实上，还可以给予模型一些帮助，告诉它经标记过的类别。

对于纯人工智能或生成式建模，在理想情况下，并不希望为数据提供标签，因为人类总是存在偏见或偏向。任何时候只要给数据贴上标签，都是在给数据加上个人偏向。这就是很多人工智能应用倾向于使用原始的、未标记的数据输入深度学习模型，并让模型自己学习的原因。在普通 GAN 中，数据集中一般只有很少的真实标签和伪造标签。

向 GAN 中添加标签会将其升级为 CGAN。之所以增加"条件"这个前缀，是因为这个方法向 CGAN 中提供了域条件或者数据标签，在练习 4-5 中，将探讨条件深度卷积生成对抗网络(conditional DCGAN, CDCGAN)。

练习 4-5：CDCGAN。

(1) 打开 GitHub 网站上的 GEN_4_cDCGAN.ipynb 文件。如果不知道如何访问源代码，请查看附录 B。
(2) 通过选择运行时间▶按钮，运行整个文件。然后跳过导入单元，查看第一个包含 Hyperparameters 类的代码单元，并检查新值 n_classes=10。该步骤是设置输入到模型中的类的数量。
(3) 向下滚动至 Generator 类定义，如下所示。

```
class Generator(nn.Module):
  def __init__(self):
    super(Generator, self).__init__()
    self.label_emb = nn.Embedding(hp.n_classes, hp.n_classes)
    def block(in_feat, out_feat, normalize=True):
      layers = [nn.Linear(in_feat, out_feat)]
      If normalize:
        layers.append(nn.BatchNorm1d(out_feat, 0.8))
      layers.append(nn.LeakyReLU(0.2, inplace=True))
      return layers
    self.model = nn.Sequential(
      *block(hp.latent_dim+hp.n_classes,128,normalize=False),
      *block(128, 256),
      *block(256, 512),
```

```
            *block(512, 1024),
            nn.Linear(1024, int(np.prod(img_shape))),
            nn.Tanh()
        def forward(self, noise, labels):
            gen_input = torch.cat((self.label_emb(labels), noise), -1)
            img = self.model(gen_input)
            img = img.view(img.size(0), *img_shape)
            return img
```
(4) 注意在 forward 函数中,标签是如何与随机噪声相连接的。标签嵌入是通过一个称为嵌入层的特殊层来学习的。嵌入层类似于自动编码器,输出是中间学习的嵌入。
(5) 跳转到 Discriminator 类定义,并查看如何以相同的方式,将学习到的嵌入输出到标签。
```
        class Discriminator(nn.Module):
            def __init__(self):
                super(Discriminator, self).__init__()
                self.label_embedding = nn.Embedding(hp.n_classes, hp.n_classes)
                self.model = nn.Sequential(
                    nn.Linear(hp.n_classes + int(np.prod(img_shape)), 512),
                    nn.LeakyReLU(0.2, inplace=True),
                    nn.Linear(512, 512),
                    nn.Dropout(0.4),
                    nn.LeakyReLU(0.2, inplace=True),
                    nn.Linear(512, 512),
                    nn.Dropout(0.4),
                    nn.LeakyReLU(0.2, inplace=True),
                    nn.Linear(512, 1),)
            def forward(self, img, labels):
                d_in = torch.cat((img.view(img.size(0), -1), self.label_
                    embedding(labels)), -1)
                validity = self.model(d_in)
                return validity
```
(6) 从这里开始,代码的其余部分都非常熟悉,因此可以跳转到训练代码,并查看特定部分。
```
        # 生成器
        z = Variable(FloatTensor(np.random.normal(0, 1, (batch_size,
                    hp.latent_dim))))
        gen_labels = Variable(LongTensor(np.random.randint(0, hp.n_classes,
```

```
                    batch_size)))
gen_imgs = generator(z, gen_labels)
validity = discriminator(gen_imgs, gen_labels)
g_loss = loss_fn(validity, valid)
# 判别器
validity_real = discriminator(real_imgs, labels)
d_real_loss = loss_fn(validity_real, valid)
validity_fake = discriminator(gen_imgs.detach(), gen_labels)
d_fake_loss = loss_fn(validity_fake, fake)
```

(7) 这里唯一的变化就是把标签作为输入输送到判别器和生成器中。
(8) 当运行这段代码并观察结果时，评估是否与预期的一样？是否可以增加损失的其他表达形式，如 WGAN 或 RGAN/RaGAN 等。

可能结果并不太让人满意，在完成这个示例后，显然还有更多的工作要做。请注意这个模型是如何从棘手的类别（如凉鞋）中创造出详细图像的，而那些棘手的类别开始看起来比之前的更为逼真。

此时，可以回顾本章内容，并思考如何将 WGAN 或 RGAN/RaGAN 的损失合并到 CGAN 或 CDCGAN 中。在已经公布的 GAN 的其他升级版中，很多学者已经完成了这方面的工作，这里不再赘述。本书将继续向前拓展，并在后面章节中围绕生成式建模介绍更先进的技术。

4.7 本章小结

正如本章前面所述，有几种 GAN 的升级版试图通过不同角度来解释损失，并以此来提高性能。从标准或普通的 GAN 中可以看到，如何通过卷积和特征提取来提高性能。本章研究了 WGAN 和 RGAN，它们都解释了相对条件下的损失。此外，本章还尝试用 BSGAN 和 CGAN 来说明数据中要学习的域或类别。

本章还研究了损失方程，以及它们是如何随升级版的不同而变化的。通过深入研究这些方程，可以理解损失是如何在绝对条件或相对条件下学习的，并寻找方法来改进更难学习的域或类别。

希望读者能从本章中了解到 GAN 容易受到损失的影响，以及损失是如何计算的。理解了这一点，就有能力选择可能与数据集有关的正确损失或者损失方程组。当读者正在构建专门针对个人数据集的 GAN 时，通常想尝试几个 GAN 的变化版，并挑选出最适合自己需求的版本。

第5章 图像到图像的内容生成

在过去，如果某地发生了犯罪案件，特别是令人发指的恶性案件，而现场又没有摄像机拍下画面，警察就会派素描艺术家去询问目击者。素描艺术家就会根据目击者的口头描述，绘制出犯罪嫌疑人的肖像画，从而帮助警察破案。一般情况下，素描艺术家会让目击者说明犯罪嫌疑人的特征，从而开展自己的工作。目击者一般只需要回答是或否，就可以帮助素描艺术家绘制出更像嫌疑人的肖像画。这个过程与生成对抗网络的工作过程非常类似，素描艺术家是生成器，目击者是判别器。随着时间的推移，素描艺术家不再依赖口头描述，而是携带视觉辅助工具来帮助目击者匹配特征。

现在仍然可用素描艺术家来进行类比，但是技术已经发展到比较神奇的地步，即用简单的文字或标签描述就能识别想要生成的特征，并且希望通过图像来展示生成器应该关注的重要特征或特性。

本章将从利用属性来控制重要特征生成，转向使用实际图像来控制重要特征生成。在探讨 GAN 之前，讨论基于 U 形网络（UNet）的图像分割，并进行图像到图像的转换生成。本章将深入探讨如何利用 UNet 提取特征和学习特征。

然后，继续讨论几个 GAN 示例，它们能将一幅图像转换成另一幅图像。具体将从 Pix2Pix 工具开始，用 GAN 来理解图像的转换过程。接着，将继续学习对偶生成对抗网络（DualGAN），探究如何利用双重架构来增强学习。

使用图像到图像的配对在训练图像转换模型方面是成功的，但是它们通常不能理解转换的多样性。也就是说，一幅图像可能被转换成多幅正确的变化版。就像在语言翻译或处理中，要想把一个短语翻译成另一个，通常有很多种可能的翻译方式。本章将使用 BicycleGAN（是利用 VAE 实现图像多样化转换的一对多映射模型）来理解图像的多种转换技术。

最后，将打破配对图像的规则，并分析具体的 GAN 实例，即 DiscoGAN（利用 VAE 实现无监督的跨域风格转换），来执行图像域的转换。本章将呈现几个有趣的新数据集，并训练图像到图像的生成模型，可以将苹果转换成橙子，将马转换成斑马，或者将莫奈艺术作品转换成普通照片。

5.1 用 UNet 模型分割图像

卷积神经网络层在提取图像中的局部特征方面非常出色，但其重建这些相同特征的能力却不太理想。在探索使用卷积神经网络生成模型时,就已经遇到过这样的情况:这些模型往往不能很好地重建特征,图像看起来就是简单拼凑而成的。为了解决生成器中的这些问题,需要突破简单的 CNN 模型。

现在可以采用 UNet 模型对 CNN 和特征重建进行扩展,UNet 架构如图 5-1 所示。该架构的名称来源于模型的形状,因为它看起来像字母"U"。在内部,仍然使用卷积层,但不是从反卷积中重建图像,而是从实际学习的特征映射中重建图像。

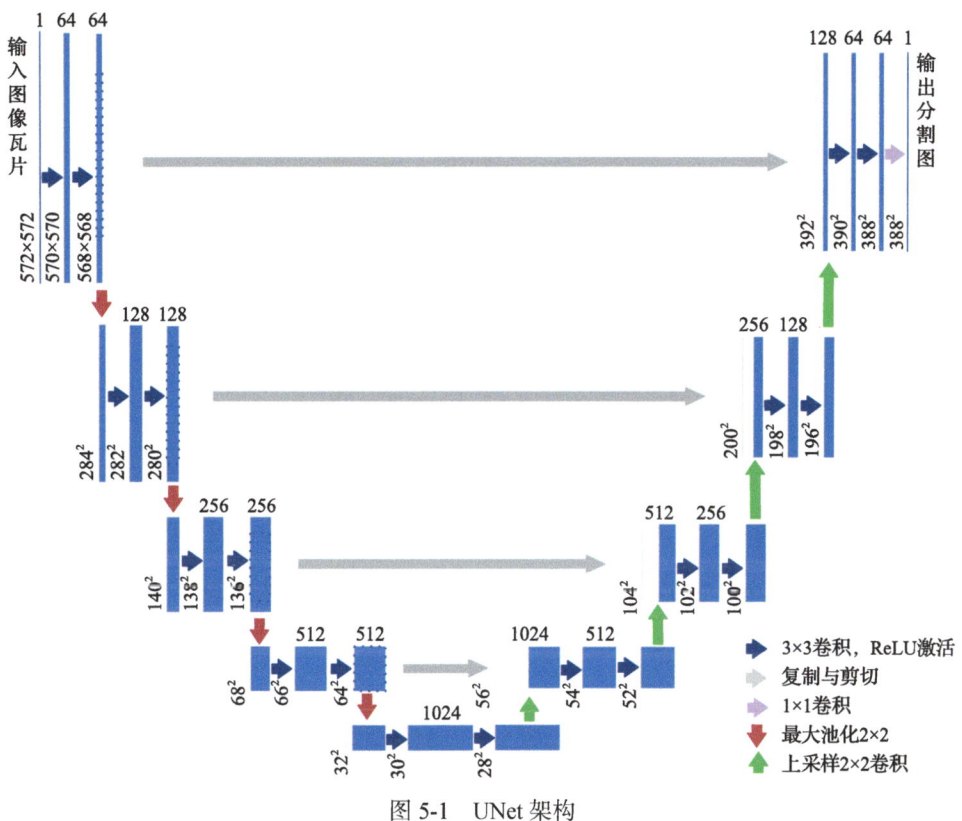

图 5-1　UNet 架构

在模型中使用 CNN 时,经常会在重建图像时应用反卷期层(ConvTranspose2D)。这样做的问题是,学习到的反卷积特征与原始特征不同。UNet 架构允许模型使用与分类图像或判别图像时相同的特征,从而重新生成图像或分割图像。

图像分割是理解特征提取和重建关键特征的重要前提。还记得前面提到的帮助警察破案的素描艺术家吗?他们就是提前分割出脸的各部分,然后使用目击者提供的局部特征信息来重建新的人脸。当将图像与图像配对后开始转换时,图像分割就是必须要完成的步骤。

在此之前，需要了解 UNet 模型是如何工作的，以及如何使用 UNet 模型来提取图像或分割图像。在练习 5-1 中，将构建一个 UNet 模型来提取和分割一条鱼的图像。在这个练习中，还将探讨模型架构的修改和损失的计算方法。

练习 5-1：用 UNet 模型进行图像分割。

(1) 打开 GitHub 网站上的 GEN_5_UNet.ipynb 文件。如果不知道如何访问源代码，请查看附录 B。

(2) 通过选择运行时间➤按钮，运行整个文件。然后跳过导入单元，查看第一个包含 Hyperparameters 类的代码单元，之前已经见过该示例中的所有超参数。

(3) 超参数之后的下一个代码块提供了直接从 Dropbox 或其他在线资源下载数据集的功能。现在将使用专门的数据集，这些数据集是为本章中构建的图像到图像模型设计的。

```
from io import BytesIO
from urllib.request import urlopen
from zipfile import ZipFile
zipurl = hp.dataset_url
with urlopen(zipurl) as zipresp:
    with ZipFile(BytesIO(zipresp.read())) as zfile:
        zfile.extractall(image_folder)
print(f"Downloaded & Extracted {zipurl}")
```

(4) 在这段代码之后是一个新的类，称为 FishDataset。随着代码转向更高级的数据，经常需要扩展 DataSet 以适应加载这些新的数据集。扩展 Dataset 允许对 Dataloaders 加载数据的方式进行微调。本书将在本章和之后的章节中以这种方式扩展 Dataset 类。以下代码表示该类的开始。

```
import random
import re
from PIL import Image
from glob import glob
class FishDataset(Dataset):
    def __init__(self, root_dir, transform=None, target_transform=None):
        self.root_dir = os.path.abspath(root_dir)
        self.transform = transform
        self.target_transform = target_transform
        if not self._check_exists():
            raise RuntimeError('Dataset not found.')
        self.images = glob(os.path.join(root_dir,'fish_image/*/*.png'))
        self.masks = [re.sub('fish','mask', image) for image in self.images]
```

```
print(self.masks[0])
self.labels = [int(re.search('.*fish_image/fish_(\d+)',
    image).group(1)) for image in self.images]
```

(5) 继续向下滚动到可以看到图像对的部分，可视化鱼类数据输入图像和掩码(片段)如图 5-2 所示。现在使用表单，这是 Colab 的一个特殊功能，能支持直接在文件中添加输入字段。然后，可以根据调整后的变量，使用这些字段来控制单元的输出。在图中，可以看到训练图像配对的一个样本。左侧是一条鱼的图像，右侧是同一条鱼的分割图像。

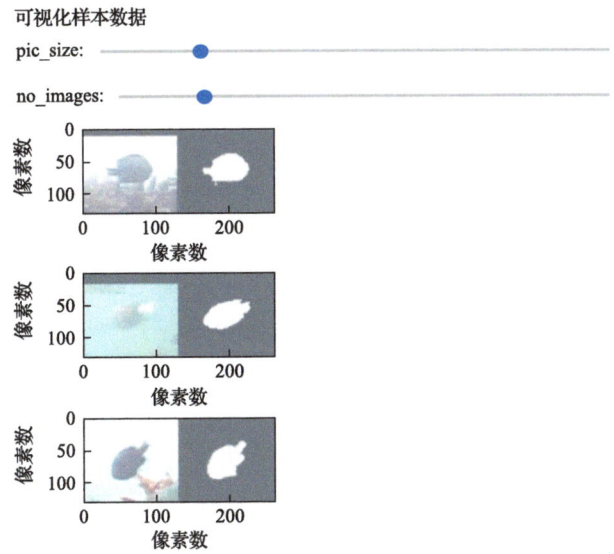

图 5-2 可视化鱼类数据输入图像和掩码(片段)

(6) 双击图像可视化代码块来检查代码，将看到奇迹是如何发生的。在标记中，可以识别两个字段和标题{run:"auto"}上的一个特殊标记，在任何控件被修改时，它会告诉单元自动重新运行。试试看，用滑块调整图像大小和图像数量。

```
#@title VISUALING SAMPLE DATA {run: "auto"}
pic_size = 3 #@param {type:"integer"} {type:"slider", min:1,
    max:30,step:1}
no_images = 3 #@param {type:"integer"} {type:"slider", min:1,
    max:32,step:1}
```

(7) 跳转过其他代码块，直至看到构建和设置模型的地方。现在回到构建 UNet 类型的单一模型，并将损失函数定义为 BCELoss。

```
cuda = True if torch.cuda.is_available() else False
print("Using CUDA" if cuda else "Not using CUDA")
loss_fn = nn.BCELoss()
model = UNet()
```

```
    if cuda:
        model.cuda()
        loss_fn.cuda()
```

(8) 跳到训练代码块,查看批处理训练循环内部,如下所示。

```
    for batch_idx, (images, masks, _) in enumerate(train_loader):
        images = Variable(images.cuda())
        masks = Variable(masks.cuda())
        optimizer.zero_grad()
        outputs = model(images)
        predicted = outputs.round()
        loss = loss_fn(outputs, masks)
        loss.backward()
        optimizer.step()
```

(9) 由这段代码可以看出,损失是根据模型输出和输入图像掩码之间的 BCE Loss 差异计算出来的。所以,在自动编码器中训练图像并输出。但在这里,只是训练图像输出图像掩码,因此需要模型来学习从图像到掩码的映射。

先不对 UNet 模型进行深入解释,只是展示这个示例和自动编码器之间的相似性。其中的关键区别是,计算 UNet 模型损失值的基础是配对的图像掩码,而不是原始图像,这样就能让模型学习到从图像到掩码的转换。

简单地说,UNet 模型就是转换器,它像自动编码器一样,能将输入图像转换为输出。UNet 模型和自动编码器的关键区别在于卷积块的使用,以及它们的连接方式。当然,为了加深理解,建议仔细查看练习 5-1 的代码。下面通过练习 5-2,进一步了解 UNet 模型。

练习 5-2:探索 UNet 模型。

(1) 打开 GitHub 网站上的 GEN_5_UNet.ipynb 文件。如果不知道如何访问源代码,请查看附录 B。

(2) 如果尚未运行该文件,请通过选择运行时间➤按钮,运行整个文件。

(3) 向下滚动到定义 UNet 模型的位置,双击单元以显示代码,将开始看到 ConvBlock 类,它进行了卷积层的设置和权重的初始化。

```
    class ConvBlock(nn.Module):
        def __init__(self, in_channels, out_channels):
            super().__init__()
            self.conv = nn.Conv2d(in_channels, out_channels, 3, padding=1)
            init.xavier_uniform(self.conv.weight, gain=np.sqrt(2))
            self.batch_norm = nn.BatchNorm2d(out_channels)
```

```
    self.leaky_relu = nn.LeakyReLU(0.01)
def forward(self, x):
    x = self.conv(x)
    x = self.batch_norm(x)
    x = self.leaky_relu(x)
    return x
```

(4) 现在转移到 UNet 类的开头，看看网络的初始化。注意是如何定义三个下采样层(down1、down2 和 down3)的，这些由从低级通道转换到高级通道的 ConvBlocks 组成，它们从 3 开始，然后是 32、64，最后是 128。

在中间层之后，还有三个上采样层：up1、up2 和 up3，用于将结果升格为单通道。它们从 128 开始，首先升格到 256，然后到 128，最后到 64。这里的关键区别在于，上采样层不只是将一个单一的值往上移，而是将它们与上一层结合起来。在深入分析 forward 函数时，这一点会变得更加明显。

```
class UNet(nn.Module):
    def __init__(self):
        super().__init__()
        self.down1 = nn.Sequential(
            ConvBlock(3, 32),
            ConvBlock(32, 32))
        self.down2 = nn.Sequential(
            ConvBlock(32, 64),
            ConvBlock(64, 64))
        self.down3 = nn.Sequential(
            ConvBlock(64, 128),
            ConvBlock(128, 128))
        self.middle = ConvBlock(128, 128)
        self.up3 = nn.Sequential(
            ConvBlock(256, 256),
            ConvBlock(256, 64))
        self.up2 = nn.Sequential(
            ConvBlock(128, 128),
            ConvBlock(128, 32))
        self.up1 = nn.Sequential(
            ConvBlock(64, 64),
            ConvBlock(64, 1))
```

(5) 在下面的 forward 函数中，可以看到 UNet 的所有部分是如何组合的。在这段代码中可以看到前三个下采样层是如何排列在一起的，down1> down2> down3> middle（中间）。

```
def forward(self, x):
    down1 = self.down1(x)
    out = F.max_pool2d(down1, 2)
    down2 = self.down2(out)
    out = F.max_pool2d(down2, 2)
    down3 = self.down3(out)
    out = F.max_pool2d(down3, 2)
    out = self.middle(out)
    out = Upsample(scale_factor=2)(out)
    out = torch.cat([down3, out], 1)
    out = self.up3(out)
    out = Upsample(scale_factor=2)(out)
    out = torch.cat([down2, out], 1)
    out = self.up2(out)
    out = Upsample(scale_factor=2)(out)
    out = torch.cat([down1, out], 1)
    out = self.up1(out)
    out = torch.sigmoid(out)
    return out
```

(6) 在中间层之后，可以通过使用 torch.cat 将中间层的输出与 down3 层合并，然后将其传递到 up3 层进行上采样。同样的过程继续进行，因此 middle=>out, (out,down3)->up3=>out, (out,down2)->up2=>out, (out,down1)->up1 =>out。基本上，对于向上过程中的每一次返回，都会将结果与相应的下采样层相结合。当然，这样做的目的是在上采样的同时重用下采样层的训练特征。

(7) 继续改变一些超参数，看看对模型输出有什么影响。

(8) 能否改变 UNet 架构，尝试改变每个采样层用作输入或输出的通道数，确保在通过上采样层时考虑到合并问题。

UNet 架构将数据循环输入到模型中，使用卷积来提取特征，可以使用相同的特征提取方法训练出更好的生成器。本章后续将探讨 UNet 是如何增强生成器的，尤其是应用在图像到图像的生成方面。

5.2 用 Pix2Pix 转换图像

通过分析利用 UNet 进行图像分割或转换的过程，可以研究模型的学习原理，以及将一种形式的图像转换为另一种形式的具体过程。5.1 节研究了在成对训练图像的基础上，如何利用 UNet 进行图像分割或掩膜，本节介绍的 Pix2Pix 模型则使用对抗训练方法继续推进该过程。

通过在 GAN 中添加对抗训练，可以增加单个 UNet 模型所使用的损失函数，并能更好地解释模型损失。这不仅能够针对损失进行配对基础训练的比较，而且能使用判别器对损失进行二次度量，以确保转换或者生成的图像更接近它们的训练对。用 Pix2Pix 转换图像的示例请参见练习 5-3。

练习 5-3：用 Pix2Pix 转换图像。

(1) 打开 GitHub 网站上的 GEN_5_Pix2Pix.ipynb 文件。如果不知道如何访问源代码，请查看附录 B。

(2) 如果尚未运行该文件，请通过选择运行时间▶按钮，运行整个文件。需要注意的是，现在超参数部分提供了使用 Colab 表格配置的备用训练数据集。对于图像到图像的示例，提供了三个数据集。maps 代表同一地区的街道和卫星图像的地图切片对。facades 数据集由外部建筑照片组成，facades 的配对显示代表区域的街区。cityscapes 数据集与 facades 数据集一样，但它显示的不是建筑物，而是成对的街道视图。

```
dataset_name = "maps" #@param ["facades", "cityscapes", "maps"]
```

(3) 如果读者对转换过程非常熟悉，可以跳过这段代码的主要部分。向下移动到生成器/判别器模块定义，这段代码的开头显示了两个 UNet 类，可以执行上采样操作和下采样操作。

```
class UNetDown(nn.Module):
    def __init__(self, in_size, out_size, normalize=True, dropout=0.0):
        super(UNetDown, self).__init__()
        layers = [nn.Conv2d(in_size, out_size, 4, 2, 1, bias=False)]
        if normalize:
            layers.append(nn.InstanceNorm2d(out_size))
        layers.append(nn.LeakyReLU(0.2))
        if dropout:
            layers.append(nn.Dropout(dropout))
        self.model = nn.Sequential(*layers)
    def forward(self, x):
        return self.model(x)
class UNetUp(nn.Module):
    def __init__(self, in_size, out_size, dropout=0.0):
        super(UNetUp, self).__init__()
        layers = [
            nn.ConvTranspose2d(in_size, out_size, 4, 2, 1,
                               bias=False),
            nn.InstanceNorm2d(out_size),
```

```
            nn.ReLU(inplace=True),]
        if dropout:
            layers.append(nn.Dropout(dropout))
        self.model = nn.Sequential(*layers)
    def forward(self, x, skip_input):
        x = self.model(x)
        x = torch.cat((x, skip_input), 1)
        return x
```

(4) 读者可能会注意到在 UNetUp 类中使用了 ConvTranspose2D，但其是针对上采样部分的。记住相应的下采样层要被合并，如 forward 函数所示。

(5) 继续往下看，如何在 GeneratorUNet 模型中使用 UNet 采样层。

```
class GeneratorUNet(nn.Module):
    def __init__(self, in_channels=3, out_channels=3):
        super(GeneratorUNet, self).__init__()
        self.down1 = UNetDown(in_channels, 64, normalize=False)
        self.down2 = UNetDown(64, 128)
        self.down3 = UNetDown(128, 256)
        self.down4 = UNetDown(256, 512, dropout=0.5)
        self.down5 = UNetDown(512, 512, dropout=0.5)
        self.down6 = UNetDown(512, 512, dropout=0.5)
        self.down7 = UNetDown(512, 512, dropout=0.5)
        self.down8 = UNetDown(512, 512, normalize=False, dropout=0.5)
        self.up1 = UNetUp(512, 512, dropout=0.5)
        self.up2 = UNetUp(1024, 512, dropout=0.5)
        self.up3 = UNetUp(1024, 512, dropout=0.5)
        self.up4 = UNetUp(1024, 512, dropout=0.5)
        self.up5 = UNetUp(1024, 256)
        self.up6 = UNetUp(512, 128)
        self.up7 = UNetUp(256, 64)
        self.final = nn.Sequential(
            nn.Upsample(scale_factor=2),
            nn.ZeroPad2d((1, 0, 1, 0)),
            nn.Conv2d(128, out_channels, 4, padding=1),
            nn.Tanh(),)
```

(6) 请注意，代码中复制了几个具有 512 个输入/输出通道的 UNetDown 层，可以看到这种结构是如何与模型的 forward 函数结合在一起的。注意下层 d8 是如何被重用为模型的输入,并有效地成为中间层的。

```
def forward(self, x):
    # 带有从编码器到解码器跳跃连接的 Unet 生成器
    d1 = self.down1(x)
    d2 = self.down2(d1)
    d3 = self.down3(d2)
    d4 = self.down4(d3)
    d5 = self.down5(d4)
    d6 = self.down6(d5)
    d7 = self.down7(d6)
    d8 = self.down8(d7)
    u1 = self.up1(d8, d7)
    u2 = self.up2(u1, d6)
    u3 = self.up3(u2, d5)
    u4 = self.up4(u3, d4)
    u5 = self.up5(u4, d3)
    u6 = self.up6(u5, d2)
    u7 = self.up7(u6, d1)
    return self.final(u7)
```

(7) Discriminator 判别器与之前看到的类似,但有一个关键区别,即这种判别器不是采用单一的三通道图像,而是将图像对组合成六个通道作为输入。请注意这对判别器的 forward 函数有何影响。

```
def forward(self, img_A, img_B):
    # 逐通道连接图像对作为输入
    input
    img_input = torch.cat((img_A, img_B), 1)
    return self.model(img_input)
```

(8) 跳到文件底部的训练模块,可以看到在训练循环中的损失计算发生了改变。现在判别器获取了一对图像,改变了生成器损失,因为需要考虑重建图像中的损失,所以还需要进行像素级比较。请记住,在简单的自动编码器中会用到像素比较损失。生成器的损失与来自判别器的损失和缩放像素的损失相结合,可以通过设置 hp.lambda_pixel 超参数进行缩放。

```
# GAN 损失
    fake_B = generator(real_A)
    pred_fake = discriminator(fake_B, real_A)
    loss_GAN = criterion_GAN(pred_fake, valid)
```

像素损失
```
loss_pixel = criterion_pixelwise(fake_B, real_B)
# 最终损失
loss_G = loss_GAN + hp.lambda_pixel * loss_pixel
```
(9) 判别器损失的计算方法与其他 GAN 相同,唯一的区别是图像对的输入。
```
# 实际损失
pred_real = discriminator(real_B, real_A)
loss_real = criterion_GAN(pred_real, valid)
# 虚假损失
pred_fake = discriminator(fake_B.detach(), real_A)
loss_fake = criterion_GAN(pred_fake, fake)
# 最终损失
loss_D = 0.5 * (loss_real + loss_fake)
```

图 5-3 给出使用地图数据集的 Pix2PixGAN 的训练输出。从图中可以看出,第一行图像代表原始的街道地图图像,第二行是生成器生成的输出,第三行是经过训练的配对图像。最后三行图像与前三行图像意义相同。

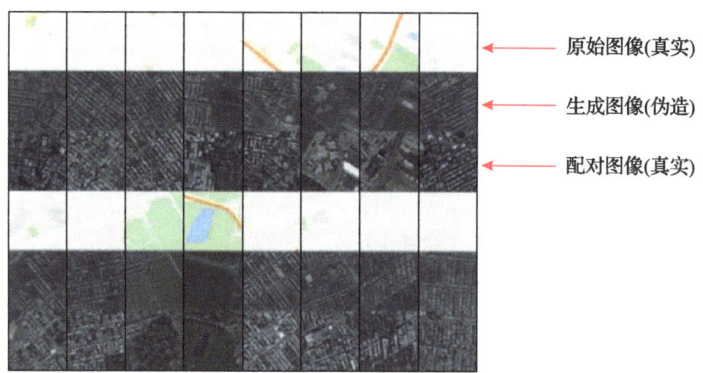

图 5-3 使用地图数据集的 Pix2PixGAN 的训练输出

观察这些图像可以看出,生成的伪造图像有很多细节信息。这是因为在生成器损失中加入了像素级比较。同样,如果把 lambda_pixel 的比例从 100 缩小到 10 或 25,那么看到的细节信息会变少。相反,把 lambda_pixel 增大到 1000,会使输出图像更接近使用标准像素损失的典型自动编码器的输出效果。

Pix2PixGAN 是最早的图像转换模型之一,能产生非常不错的视觉效果。此后,Pix2Pix 和 UNet 被广泛应用于各种需要分割或转换的图像中。

5.3 用 DualGAN 实现双向转换

如果可以训练 GAN 来进行图像到图像的单向转换，如从街道图像转换到卫星图像，那么同样可以进行这个过程的逆转换。这样，可以了解每对生成器和判别器的训练方式，并以此为依据来解释额外的损失指标。

本节要讨论的 DualGAN，可以通过一对生成器和判别器，使用图像配对来执行图像到图像的双向转换。这样，可以计算从一个域到另一个域再返回训练的综合损失，将其称为循环一致性损失。

第 6 章将用更多的示例来探讨循环一致性损失，在此之前，先要了解如何根据图像配对来计算这种损失值，如图 5-4 所示。要想计算循环损失，第一组生成的图像要输送到对立的生成器中，以便根据伪造图像生成新的图像，这种转换和再转换的过程称为循环一致性。

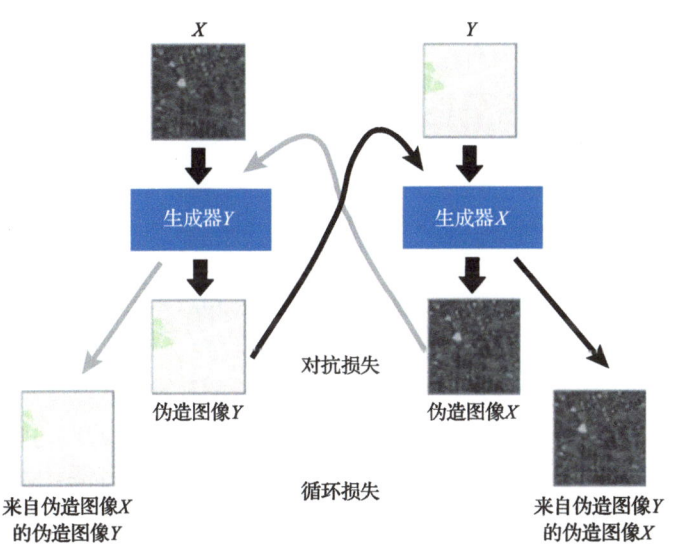

图 5-4　计算对抗损失和循环损失

通过循环一致性，将另一个生成器生成的内容作为真实内容，交替输入，同时训练两个生成器，使得两个生成器现在都能与循环损失紧密耦合。对于判别器，还使用 Wasserstein 梯度惩罚函数作为提升损失计算能力的方法，WGAN 计算的是两组分布数据之间的相对距离，增加梯度惩罚是一种减缓 WGAN 损失函数的方法。

把所有这些方法集中在一起，就得到了 DualGAN 的第一个实例，具体过程参见练习 5-4。DualGAN 使用两个生成器和两个判别器的组合来协同工作，这意味着需要将成对的生成器和判别器的损失进行依次合并。

练习 5-4: 对偶生成对抗网络(DualGAN)。

(1) 打开 GitHub 网站上的 GEN_5_DualGAN.ipynb 文件。如果不知道如何访问源代码,请查看附录 B。

(2) 如果尚未运行该文件,请通过选择运行时间➤按钮,运行整个文件。向下滚动并打开超参数部分;然后查看定义的新变量,如下所示。

```
lambda_adv = 1,
lambda_cycle = 10,
lambda_gp = 10
```

(3) lambda_adv 超参数是对抗损失修改器,lambda_cycle 用于衡量循环损失,lambda_gp 是梯度惩罚损失,将在后面进行介绍。

(4) 这里的大部分代码在前面已经讲过了,所以向下滚动到训练模块时,只需回顾代码的其余部分。一定要看看模型是如何构建的,下面来看生成器的损失是如何计算的,如下所示。

```
# 图像转换到对立域
fake_A = G_BA(imgs_B)
fake_B = G_AB(imgs_A)
# 重建图像
recov_A = G_BA(fake_B)
recov_B = G_AB(fake_A)
# 对抗损失
G_adv = -torch.mean(D_A(fake_A)) - torch.mean(D_B(fake_B))
# 循环损失
G_cycle = cycle_loss(recov_A, imgs_A) + cycle_loss(recov_B, imgs_B)
# 最终损失
G_loss = hp.lambda_adv * G_adv + hp.lambda_cycle * G_cycle
```

(5) 现在有两个生成器,一个用于生成从域 A 到 B 的图像,另一个是从 B 到 A,分别命名为 G_AB 和 G_BA。注意:如何将伪造图像/生成图像传回对立的生成器,以创建 recov_A 和 recov_B 输出。重新转换的图像用于计算循环一致性损失,在生成各种图像之后,首先通过将伪造图像传递给各自的判别器 D_A 或 D_B 来计算对抗损失。接下来,通过比较重新转换的图像和原始图像来计算循环损失。由此,可以确定从生成器 A>B 和 B>A 的完整转换中有多大的误差。最后,通过对这些值求和,并应用 lambda_gp 缩放超参数来计算总体的 G_loss。

(6) 接下来观察判别器部分及损失计算,如下所示。

```
# 计算梯度惩罚以改善 WGAN 训练
gp_A = compute_gradient_penalty(D_A, imgs_A.data, fake_A.data)
# 对抗损失
D_A_loss = -torch.mean(D_A(imgs_A)) + torch.mean(D_A(fake_A)) +
           hp.lambda_gp * gp_A
```

```
# 计算梯度惩罚以改善 WGAN 训练
gp_B = compute_gradient_penalty(D_B, imgs_B.data, fake_B.data)
# 对抗损失
D_B_loss = -torch.mean(D_B(imgs_B)) + torch.mean(D_B(fake_B)) +
           hp.lambda_gp * gp_B
# 最终损失
D_loss = D_A_loss + D_B_loss
D_loss.backward()
optimizer_D_A.step()
optimizer_D_B.step()
```

(7) 对于判别器损失，使用特殊函数 compute_gradient_penalty，很快就能得出结果。该函数获取判别器（A 或 B）以及相应域（A 或 B）的真实图像和伪造图像。由此可以计算出两种形式的对抗损失，D_A_loss/D_B_loss 结合了正常的对抗损失和先前的梯度惩罚损失，并再次由 lambda_gp 进行缩放。最后，总损失由两个域 A/B 损失合并而成。注意在代码的最后，使用两个不同的优化器来训练判别器的权重。这与生成器不同，生成器只使用一个优化器。

(8) 最后一步是返回到 compute_gradient_penalty 函数，如下所示。

```
def compute_gradient_penalty(D, real_samples, fake_samples):
    alpha = FloatTensor(np.random.random((real_samples.size(0),1, 1,
            1)))
    interpolates = (alpha * real_samples + ((1 - alpha) * fake_
            samples)).requires_grad_(True)
    validity = D(interpolates)
    fake = Variable(FloatTensor(np.ones(validity.shape)), requires_
            grad=False)
    # 获取梯度 w.r.t. 插值
    gradients = autograd.grad(
       outputs=validity,
       inputs=interpolates,
       grad_outputs=fake,
       create_graph=True,
       retain_graph=True,
       only_inputs=True,)[0]
    gradients = gradients.view(gradients.size(0), -1)
    gradient_penalty = ((gradients.norm(2, dim=1) - 1) ** 2).mean()
    return gradient_penalty
```

(9) 该函数改变了 Wasserstein 的 EMD 算法，即使用梯度惩罚而不是限幅函数来测量分布差异。

DualGAN 用于图像到图像转换的训练输出如图 5-5 所示，DualGAN 在跨域反向学习和图像到图像的转换方面非常有效。因此，图中显示了从 A 到 B，再回到 A 的过程，仅经过几轮循环，DualGAN 很快就学会了域到域的图像转换。

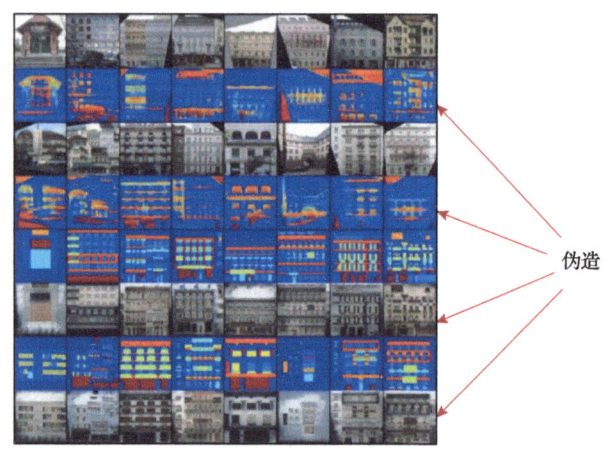

[轮次: 199/200] [批次: 60/64] [判别器损失: −0.271755]
[生成器损失: 0.689006, 循环一致性损失: 0.096770] [预计到达时间: 0:00:00.626353s]

图 5-5　DualGAN 用于图像到图像转换的训练输出

当开始进行图像到图像的配对转换时，就要考虑图像转换模型的其他可能性。5.4 节将假设并非每个图像都只有一个正确的转换模型。

5.4　用 BicycleGAN 控制隐藏空间

图像相互转换的主要缺点是假设每幅图像只有一个正确的转换模型，但事实往往并非如此，例如，一种语言中的某条短语在另一种语言中可能有多种正确的含义。

BicycleGAN 引入了全新的思想，即每个输入图像都有多个正确的转换模型，而不是只有一个。为了完成这个转换过程，BicycleGAN 将使用 VAE，以更好地映射整个学习分布。

现在，该转换模型没有使用成对的生成器和判别器，而是使用了一个生成器和 VAE。BicycleGAN 架构示意图如图 5-6 所示。从图中可以看出，A 和 B 表示不同的图像域，B' 代表 A 的输出，G 表示生成器，E 表示编码器，D 自然就是判别器。函数 $N(z)$ 和 $Q(z|B)$ 是采样函数，其输出被传递给 KL（Kullback-Leibler）模块。KL 是衡量分布输出差异的另一种方式。

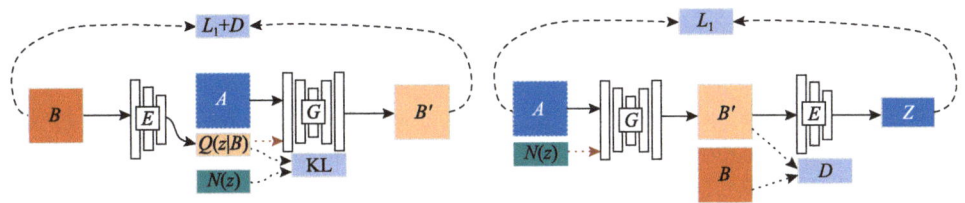

图 5-6 BicycleGAN 架构示意图

L_1 和 $L_1 + D$ 表示循环损失或来回转换的损失量,本书将在第 6 章继续探讨循环损失的其他示例。

图 5-6 给出 BicycleGAN 架构示意图,接下来需要深入研究代码,了解它是如何运行的。在练习 5-5 中,将利用 BicycleGAN 对单幅图像进行多种可能的转换。

练习 5-5:用 BicycleGAN 控制隐藏空间。

(1) 打开 GitHub 网站上的 GEN_5_BicycleGAN.ipynb 文件。如果不知道如何访问源代码,请查看附录 B。如果尚未运行该文件,请通过选择运行时间➤按钮,运行整个文件。向下滚动并打开超参数部分,然后查看定义的新变量,如下所示。

```
lambda_pixel=10,
lambda_latent=0.5,
lambda_kl=0.01
```

(2) 这些超参数都是用来改变各种损失输出的。其中,pixel 表示像素级损失,latent 表示来自编码器的隐藏空间编码损失,k_l 表示来自学习分布的 Kullback-Leibler 损失。

(3) 向下滚动到模型部分,具体到编码器型号,如下所示:

```
class Encoder(nn.Module):
    def __init__(self, latent_dim, input_shape):
        super(Encoder, self).__init__()
        resnet18_model = resnet18(pretrained=False)
        self.feature_extractor = nn.Sequential(*list(resnet18_model.
                                                children())[:-3])
        self.pooling = nn.AvgPool2d(kernel_size=8, stride=8, padding=0)
        # 输出用于 VAE 重参数化的均值和方差参数
        self.fc_mu = nn.Linear(256, latent_dim)
        self.fc_logvar = nn.Linear(256, latent_dim)
    def forward(self, img):
        out = self.feature_extractor(img)
        out = self.pooling(out)
        out = out.view(out.size(0), -1)
        mu = self.fc_mu(out)
```

```
logvar = self.fc_logvar(out)
return mu, logvar
```

(4) 关于编码器类,有几点需要注意。首先,这个编码器使用一个名为 resnet18 的现有模型作为特征提取器。将在第 6 章中学习更多关于 ResNet 模型的知识,以及如何重用预训练模型,使用预训练模型也称为迁移学习。

(5) 查看如何创建模型和优化器的概要。

```
generator = Generator(hp.latent_dim, input_shape)
encoder = Encoder(hp.latent_dim, input_shape)
D_VAE = MultiDiscriminator(input_shape)
D_LR = MultiDiscriminator(input_shape)
optimizer_E = torch.optim.Adam(encoder.parameters(), lr=hp.lr,
                               betas=(hp.b1, hp.b2))
optimizer_G = torch.optim.Adam(generator.parameters(), lr=hp.lr,
                               betas=(hp.b1, hp.b2))
optimizer_D_VAE = torch.optim.Adam(D_VAE.parameters(), lr=hp.lr,
                               betas=(hp.b1, hp.b2))
optimizer_D_LR = torch.optim.Adam(D_LR.parameters(), lr=hp.lr,
                               betas=(hp.b1, hp.b2))
```

(6) 可以看到构建了四个模型,每个模型都有自己的优化器。注意这里是如何区分判别器损失模型的,D_VAE 测量编码器的准确性,而 D_LR 测量生成器的准确性。

(7) 除了模型配置外,训练代码大部分是熟悉的,参考图 5-6 应该有助于解释这些代码。可重点关注一个关键部分,如下所示。

```
mu, logvar = encoder(real_B)
encoded_z = reparameterization(mu, logvar)
fake_B = generator(real_A, encoded_z)
# 利用 VAE 转换图像的像素级损失
loss_pixel = mae_loss(fake_B, real_B)
# 编码器 B 的 KLD
loss_kl = 0.5 * torch.sum(torch.exp(logvar) + mu ** 2 - logvar - 1)
# 对抗损失
loss_VAE_GAN = D_VAE.compute_loss(fake_B, valid)
```

(8) 这段代码中棘手或令人困惑的部分是编码器模型的输出,即 mu 和 logvar(方差)被用作重新参数化函数的输入。这个函数只是对数值进行转换,并从空间中重新取样。回忆一下这在标准的 VAE 中是如何完成的。随后将该编码值与真实图像一起传入生成器,然后利用像素级比较、KL 和判别器损失来测量损失。请务必对损失计算代码的其余部分进一步审查。

(9) 在文件的底部，会看到训练输出，如图 5-7 所示。在输出中，可以看到每个输入图像是如何输出多种变化的。这些变化通过 VAE 编码器学习模型中的域分布来控制。

图 5-7 训练 BicycleGAN 的输出

在考虑配对转换时，理解 BicycleGAN 背后的概念至关重要。然而，在转换准确性方面，该模型还缺乏跨域映射能力，如图 5-7 所示。下一步将考虑在没有配对的情况下如何实现跨域转换。

5.5 用 DiscoGAN 实现场景风格转换

转换图像或语言通常是通过成对的数据集来完成的，例如，对语言来说，通常是两种语言中的类似短语。在之前的图像转换中，在同一图像配对后，会以某种形式完成转换。

当然，现在要使用未配对的短语进行跨语言的准确转换是不可能的。然而在这些类型的转换任务中，使用未配对的句子可以学到的是场景的本质或风格。DiscoGAN 的设计理念就是捕捉并允许在未配对的图像中进行场景风格转换，它综合了两个生成器的对抗性、像素风格和循环损失等多种因素，可以达到把马转换成斑马，或者把苹果转换成橘子的效果。具体过程参见练习 5-6。

练习 5-6：用 DiscoGAN 实现场景风格转换。

(1) 打开 GitHub 网站上的 GEN_5_DiscoGAN.ipynb 文件。如果不知道如何访问源代码，请查看附录 B。

(2) 这个 GAN 提供了许多示例数据集，并且会在本例和后面的章节中使用这些数据集。图 5-8 给出了未配对的图像到图像数据集示例。请务必选择你想要的数据集，然后运行整个文件。从菜单中选择运行时间➤按钮。

(a) 苹果到橘子

(b) 莫奈艺术作品到照片

(c) 马到斑马

(d) 夏天到冬天的约塞米蒂国家公园

(e) 梵高艺术作品到照片

图 5-8　未配对的图像到图像数据集示例

(3) 请自由探索各种数据集，并通过训练熟悉它们的外观。当再次碰到需要使用到这些数据集的练习示例时，练习 5-6 会非常有用。

(4) 现在这个示例中的大部分代码应该属于复习的内容。因此，将重点放在模型和优化器的构建部分，如下所示。

```
G_AB = GeneratorUNet(input_shape)
G_BA = GeneratorUNet(input_shape)
D_A = Discriminator(input_shape)
D_B = Discriminator(input_shape)
```

```
optimizer_G = torch.optim.Adam(
    itertools.chain(G_AB.parameters(), G_BA.parameters()), lr=hp.lr,
                betas=(hp.b1, hp.b2))
optimizer_D_A = torch.optim.Adam(D_A.parameters(), lr=hp.lr,
                                betas=(hp.b1, hp.b2))
optimizer_D_B = torch.optim.Adam(D_B.parameters(), lr=hp.lr,
                                betas=(hp.b1, hp.b2))
```

(5) 同样，这个 GAN 中有两个生成器和判别器。虽然两个生成器共享一个优化器，但判别器是使用各自的优化器。

(6) 向下转到训练代码部分，特别是损失计算。请重点关注生成器中循环损失的计算方式，如下所示。

```
fake_B = G_AB(real_A)
loss_GAN_AB = adversarial_loss(D_B(fake_B), valid)
fake_A = G_BA(real_B)
loss_GAN_BA = adversarial_loss(D_A(fake_A), valid)
loss_GAN = (loss_GAN_AB + loss_GAN_BA)/2
# 像素级转换损失
loss_pixelwise = (pixelwise_loss(fake_A, real_A) + pixelwise_
                    loss(fake_B, real_B))/2
loss_cycle_A = cycle_loss(G_BA(fake_B), real_A)
loss_cycle_B = cycle_loss(G_AB(fake_A), real_B)
loss_cycle = (loss_cycle_A + loss_cycle_B)/2
# 最终损失
loss_G = loss_GAN + loss_cycle + loss_pixelwise
```

(7) 首先计算对抗损失(loss_GAN)，然后是像素级损失，最后是循环损失，这三项合并就是总的生成器损失(loss_G)。

(8) 使模型在各种数据集上进行训练。每次切换数据集后，请务必重置模型，否则，就会遇到奇怪的结果。

(9) 也可以选择连续训练多个数据集，从而让 GAN 学习多种域风格并将其结合起来。图 5-9 给出跨域风格训练示例(从"梵高艺术作品"到"莫奈艺术作品")，首先在"莫奈艺术作品到照片"数据集上进行训练，然后切换到"梵高艺术作品到照片"数据集上。

练习 5-6 的输出结果非常有趣，因为它展示了转换场景风格的可能性。在某些情况下，对模型进行短时间训练后，生成的艺术作品或者照片的效果看起来是令人信服的。如读者所见，DiscoGAN 确实是转换场景风格的有效解决方案。

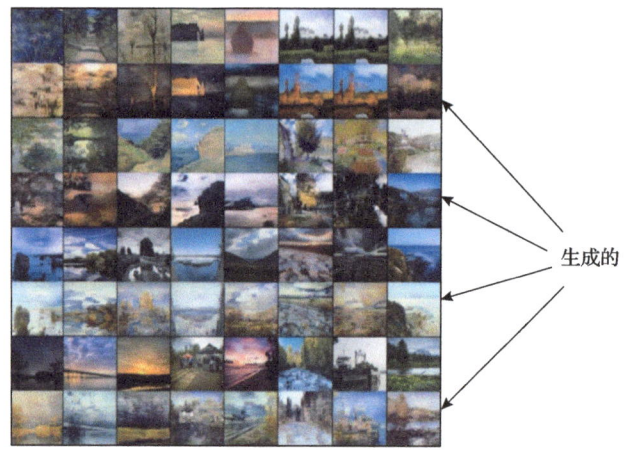

图 5-9 跨域风格训练示例(从"梵高艺术作品"到"莫奈艺术作品")

5.6 本 章 小 结

本章讨论的重点是将图像生成技术扩展到图像转换或生成模型,为此首先引入 UNet 模型进行图像分割,并进行鱼类图像分割试验。然后将 UNet 模型用于 Pix2Pix 图像到图像的转换中,随后升级到 DualGAN,该模型是使用两个生成器和判别器的对偶生成对抗网络。要理解图像到图像的转换,本章继续探索其他形式的图像转换或域转换。首先分析了 BicycleGAN,假设每个输入都存在多种转换形式。然后转向 DiscoGAN,进行未配对图像的场景风格转换。

在本章中使用的技术已经扩展到其他图像分析领域。以医疗领域为例,图像分割、图像到图像的转换为医疗诊断提供了很好的支持,这些 GAN 还能够识别乳腺癌、心脏病等多种疾病,以帮助医学专家更好地为病人服务。第 6 章将继续探索未配对图像的域转换,以及如何进一步控制这种输出的变化。

第6章 残差生成对抗网络

GAN 和对抗训练在理论上确实具有无限能力，但在具体执行和实施方面往往存在一些不足。正如在本书中所看到的，生成器通常会出现一些不足之处，一个好用的 GAN 的关键就是要有好的生成器。GAN 的判别器只是分类器，通常是简单的二进制分类器。事实上，目前常见的做法是建立 GAN 来训练判别器和分类器。GAN 将在数据上进行二进制分类训练，训练结束后生成器将被丢弃，这个过程造就了准确而又强大的分类器。

通过对抗学习，分类器可以在生成器提供的更广泛的训练空间中学习得到更优的近似值。生成器可以通过欺骗判别器或分类器，并填充隐藏空间，来更好地学习和进行完美的拟合。因此，在真实数据上训练的分类器也就学会了发现相同数据的近似伪造。事实证明，根据模型训练的难度，构建好的判别器比创建好的生成器要容易得多。生成器需要熟练地理解特征和目标分布，以重现目标特征，而判别器只需要对特征之间的差异进行分类比较。

前面分析了 CNN 是如何提取特征的。这些特征在重新生成时，常以区域或关键点的形式显现出来。可以回顾下 UNet 是否能够将学习到的特征转换回生成器的输出，正如第 5 章所述，这样就可以生成更好的输出结果。本章将进一步研究特征提取机制，即利用残差块和残差网络 (residual network，ResNet) 如何进行分类。此外，还要深入分析这些模型如何避免在深度 CNN 中由模型层数过多导致的梯度消失等问题。

随着模型继续以各种形式使用更大、更复杂的特征提取器，学习内容也将转向如何重用先前训练过的预训练模型。重用先前训练过的标准化模型称为迁移学习，本章还将探讨使用预训练模型进行分类的简单示例，并把所有这些新知识放在一起，观察三个使用 ResNet 构建更好生成器的 GAN 变化版。其中，第一个是 CycleGAN 和扩展的未配对图像到图像生成器；第二个是专门用于学习和通过观察名人人脸来创造人脸的 GAN；第三个是超分辨率生成对抗网络 (super resolution GAN，SRGAN)，该模型结合 ResNet 和强大预训练特征提取器等多种模型的优点，此时使用 SRGAN 还可以提高名人人脸的分辨率。

6.1 残差网络

正如在前面章节和练习中所看到的，经常需要增加网络深度来更好地提取特征。然而，网络层越深，出现问题的可能性就越大，如由特征过度提取而引起的梯度爆炸或梯度消失。当卷积网络层变得太深时，即使它们可能被标准化，仍会产生难以映射的隐藏曲面，此时就会发生特征过度提取问题。其结果是模型过度强调部分特征，而忽略了其他不太常见的特征。

在许多使用多卷积层的 GAN 中，出现了大量特征过度提取的示例，如生成图像中的异常明亮区域。ResNet 和残差块允许跳过某些层来克服特征过度提取效应，从而使模型忽略可能过度强调特征的层。ResNet 在卷积过程之后，将残差输出从残差块的顶部传递到底部，从而实现这个目标。

单个残差块如图 6-1 所示。图中，x 为残差块的输入，进入权重层后，得到残差特征 $F(x)$，同时通过恒等映射到底部的 $\oplus$ 节点，得到残差块的输出 $F(x)+x$。

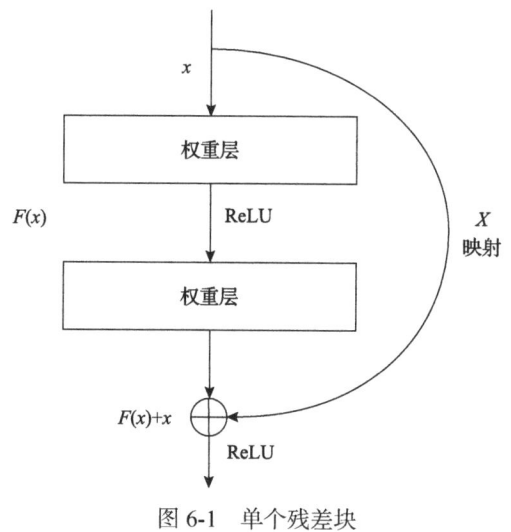

图 6-1　单个残差块

将残差输入从块的顶部传递到底部，可以有效减少和规范对权重层的依赖，同时减少由特征过度提取引起的梯度爆炸或梯度消失，这样做的好处是能够显著增加网络深度。

图 6-2 给出常规卷积网络与 ResNet 的比较，图中为一个 19 层网络（参考 VGG19）和 ResNet152（152 层的 ResNet），在 ResNet 中，可以看到残差块之间的跳转连接。请读者思考一下，ResNet152 与简单的 VGG19 相比网络层数有多深。

牛津大学的视觉几何小组（Visual Geometry Group，VGG）开发了使用卷积的标准化模型。在 VGG19 中有 19 层，包括 16 个卷积层和 3 个线性平面层。

通过再次查看 MNIST 时装数据集，可以看到 ResNet 中的残差块是如何解决简单分类问题的，这里将使用残差网络构建简单模型来学习如何对时装图像进行分类。请准备好计算机,开始练习 6-1。

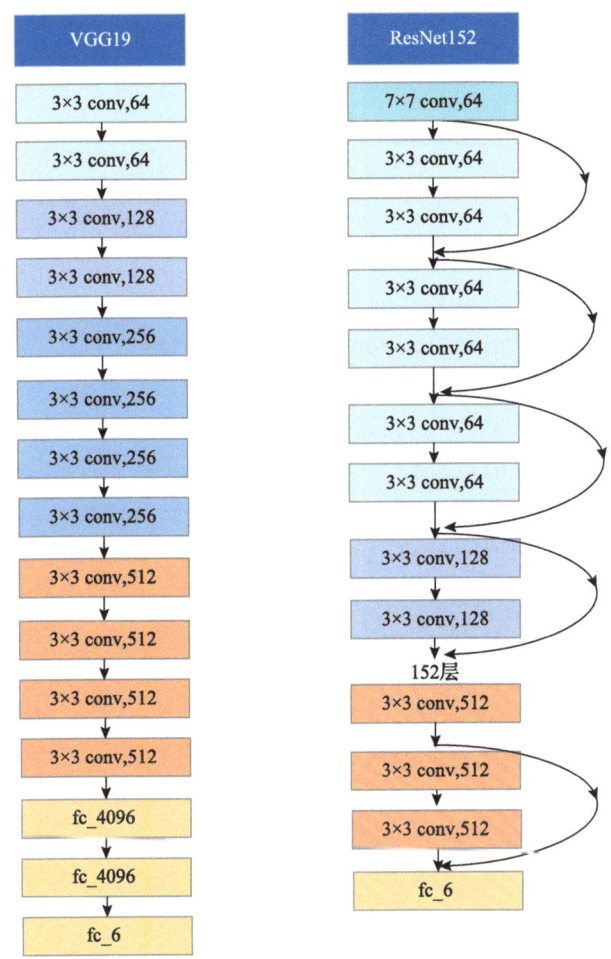

图 6-2 常规卷积网络与 ResNet 的比较

练习 6-1:残差网络(ResNet)分类器。

(1) 打开 GitHub 网站上的 GEN_6_ResNet_classifier.ipynb 文件。如果不知道如何访问源代码,请查看附录 B。

(2) 选择运行时间▶按钮,运行整个文件。这个文件的大部分代码应该是熟悉的,因此只需关注新的或重要的部分。

(3) 向下滚动到 ResNet 模块,查看前两个辅助函数。第一个是 preprocess 函数,用于交换和设置张量。第二个是 conv 函数,它是创建卷积层的包装器。

```
def preprocess(x):
    return x.view(-1, 1, 28, 28)
def conv(in_size, out_size, pad=1):
```

```
        return nn.Conv2d(in_size, out_size, kernel_size=3, stride=2,
                         padding=pad)
```

(4) 以下是 ResBlock 类别的定义。请注意，单个残差块允许输入残差绕过训练层，然后通过跳跃式连接添加到底部。

```
class ResBlock(nn.Module):
    def __init__(self, in_size:int, hidden_size:int, out_size:int, pad:int):
        super().__init__()
        self.conv1 = conv(in_size, hidden_size, pad)
        self.conv2 = conv(hidden_size, out_size, pad)
        self.batchnorm1 = nn.BatchNorm2d(hidden_size)
        self.batchnorm2 = nn.BatchNorm2d(out_size)
    def convblock(self, x):
        x = nn.functional.relu(self.batchnorm1(self.conv1(x)))
        x = nn.functional.relu(self.batchnorm2(self.conv2(x)))
        return x
    def forward(self, x): return x + self.convblock(x) # skip connection
```

(5) 以下是构建 ResNet 类别的代码部分。请注意两个 ResBlocks 残差块是如何按顺序连接的，输出是如何在结尾/输出处通过批量规范化和最大池化传递的。

```
class ResNet(nn.Module):
    def __init__(self, n_classes=10):
        super().__init__()
        self.res1 = ResBlock(1, 8, 16, 15)
        self.res2 = ResBlock(16, 32, 16, 15)
        self.conv = conv(16, n_classes)
        self.batchnorm = nn.BatchNorm2d(n_classes)
        self.maxpool = nn.AdaptiveMaxPool2d(1)
    def forward(self, x):
        x = preprocess(x)
        x = self.res1(x)
        x = self.res2(x)
        x = self.maxpool(self.batchnorm(self.conv(x)))
        return x.view(x.size(0), -1)
```

(6) 接下来要关注的是各种重要代码的片段或行，如下所示。第一行显示正在使用的损失函数，交叉熵损失是分类问题的标准。在这之后有一个准确度函数，该函数返回类别标签和输出结果匹配的准确度百分比，其工作原理是获取最大预测值并使用 argmax 查找索引，然后将正确的输出与标记的输出进行比较，返回 0.0～1.0 或者 0%～100% 的值。

```
loss_fn = nn.CrossEntropyLoss()
   def accuracy(pred, labels):
      preds = torch.argmax(pred, dim=1)
      return (preds == labels).float().mean()
```

(7) 开始模型训练直到完成，并注意模型训练时的输出。可以看到，训练集和测试集的损失都在减少，并且可以看到两个集的准确度都在增大。如果模型训练良好，损失曲线和准确度曲线应该是成反比的。测试和训练之间偏离的损失或准确性是过拟合或欠拟合的结果。

(8) 代码文件中的最后一个代码块提供了实际的视觉确认。在该模块中，可以从 testloader 中抽取一批图像/标签，然后将它们传递到模型中，以输出预测 preds。接着，使用 torch.max 将这些预测转换回标签/索引。之后，打印模型精度，乘以 100，并使用标签绘制图像。

```
dataiter = iter(testloader)
images, labels = dataiter.next()
preds = model(images.cuda())
values, indices = torch.max(preds, 1)
print(f"accuracy {accuracy(preds, labels.cuda()).item()*100}%")
plot_images(images.cpu().numpy(), indices.cpu().numpy(), 25)
```

(9) 图 6-3 给出一组带有预测标签的图像，其准确率超过 92%，同时在输出结果中没有任何图像被标记错误。

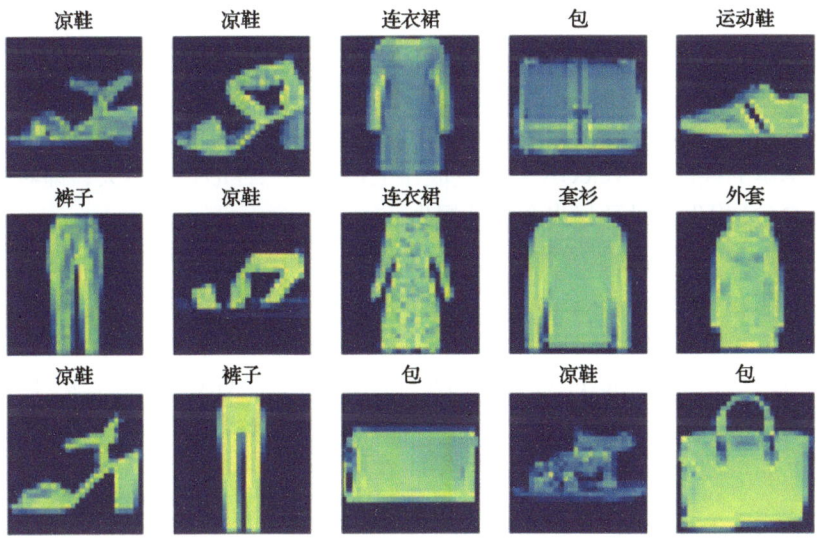

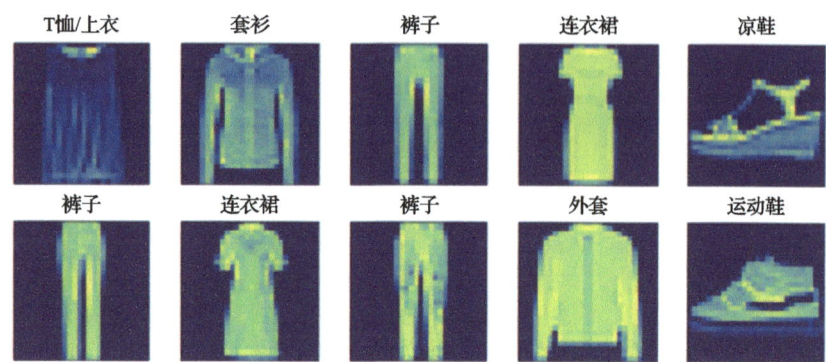

图 6-3　一组带有预测标签的图像

在运行练习 6-1 时，需要注意模型的训练速度。该模型最初设置为 5 轮迭代训练，在多数情况下可以快速达到 90%的准确率。如果模型训练时间更长，数据集的准确率应该很容易超过 90%。

练习 6-1 结果表明，ResNet 为更深层次网络提供了更好的稳定性，并且可以提高训练性能。同时，ResNet 允许更深层次网络来学习特征集，这些特征集不会受到特征过度提取的影响。

6.2　利用 CycleGAN 实现再次循环

循环或循环一致性 GAN 的主要损失机制是循环损失，请回顾第 5 章介绍的循环一致性损失。该损失是通过将一个项目转换成另一个项目，然后再转换回原始项目进行计算的，其中具体损失需要通过比较原始项目与双重转换输出项目进行综合考虑。

虽然 CycleGAN 以其主要的损失确定方法来命名，但也使用了其他损失方法，以保障基本的性能。CycleGAN 在生成器上使用了三种形式的损失，即对抗损失或标准 GAN 损失、循环损失和特征损失。

特征损失主要测量图像的颜色变化或温度变化，如果不增加特征损失，生成的输出可能会呈现与期望输出相差较大的色调。特征损失不是 CycleGAN 的必选项，但它可使输出效果更加统一。

前面已经介绍过 BicycleGAN 和 DiscoGAN 这两种 GAN 的变化版，因此可以快速进入本节的练习。练习 6-2 与第 5 章的 DiscoGAN 练习非常类似，但也有一些变化，如增加了特征损失，具体细节将在练习中进一步介绍。

练习 6-2：CycleGAN 的循环和特征。

(1) 打开 GitHub 网站上的 GEN_6_CycleGAN.ipynb 文件。如果不知道如何访问源代码，请查看附录 B。

(2) 这个文件的大部分代码大家应该是熟悉的，但包含了几个新的超参数。n_residual_blocks 用于控制生成器中使用的残差块数量，其中，lambda_cyc 和 lambda_id 分别控制循环损失和特征损失的比例。

```
n_residual_blocks=9,
lambda_cyc=10.0,
lambda_id=5.0
```

(3) 这个代码文件允许在 5 个未配对的图像到图像数据集之间进行选择：莫奈艺术作品到照片、梵高艺术作品到照片、苹果到橙子、约塞米蒂国家公园的夏天到冬天以及马到斑马。选择一个您认为有趣的数据集，然后通过选择运行时间➤按钮，运行整个文件。

(4) GeneratorResNet 类别由连接到几个残差块的下采样层组成，这些残差块由超参数设置，输出到上采样层，用于生成输出。init 函数的简化版本展示了模型架构是如何组合的。

```
def __init__(self, input_shape, num_residual_blocks):
    super(GeneratorResNet, self).__init__()
    channels = input_shape[0]
    out_features = 64
    model = [
        nn.ReflectionPad2d(channels),
        nn.Conv2d(channels, out_features, 7),
        nn.InstanceNorm2d(out_features),
        nn.ReLU(inplace=True),]
    in_features = out_features
    # 下采样
    for _ in range(2):
        out_features *= 2
        model += [
            nn.Conv2d(in_features, out_features, 3, stride=2,
            padding=1),
            nn.InstanceNorm2d(out_features),
            nn.ReLU(inplace=True),]
        in_features = out_features
    # 残差块
    for _ in range(num_residual_blocks):
        model += [ResidualBlock(out_features)]
    # 上采样
    for _ in range(2):
        out_features //= 2
```

```python
        model += [
            nn.Upsample(scale_factor=2),
            nn.Conv2d(in_features, out_features, 3, stride=1,
            padding=1),
            nn.InstanceNorm2d(out_features),
            nn.ReLU(inplace=True),]
        in_features = out_features
    # 输出层
    model += [n...
```

(5) 接下来要了解损失函数的定义、模型创建的过程和优化器的作用。注意观察生成器怎样共享一个优化器, 而判别器则使用独立的优化器。

```python
# 损失函数
criterion_GAN = torch.nn.MSELoss()
criterion_cycle = torch.nn.L1Loss()
criterion_identity = torch.nn.L1Loss()
input_shape = (hp.channels, hp.img_size, hp.img_size)
# 初始化生成器和判别器
G_AB = GeneratorResNet(input_shape, hp.n_residual_blocks)
G_BA = GeneratorResNet(input_shape, hp.n_residual_blocks)
D_A = Discriminator(input_shape)
D_B = Discriminator(input_shape)
optimizer_G = torch.optim.Adam(
    itertools.chain(G_AB.parameters(), G_BA.parameters()), lr=hp.lr,
                    betas=(hp.b1, hp.b2))
optimizer_D_A = torch.optim.Adam(D_A.parameters(), lr=hp.lr,
                                 betas=(hp.b1, hp.b2))
optimizer_D_B = torch.optim.Adam(D_B.parameters(), lr=hp.lr,
                                 betas=(hp.b1, hp.b2))
```

(6) 创建优化器之后, 还要添加一个称为调度器的新工具。调度器用来在训练期间修改超参数。在这个模型中, 调度器会随着时间的推移减小学习率, 从而使得模型在训练初期可以进行较大的修改, 然后随着时间的推移逐步进行小的调整。

```python
# 学习率更新调度器
lr_scheduler_G = torch.optim.lr_scheduler.LambdaLR(
    optimizer_G, lr_lambda=LambdaLR(hp.n_epochs, hp.epoch, hp.decay_
                                    epoch).step)
```

```
lr_scheduler_D_A = torch.optim.lr_scheduler.LambdaLR(
    optimizer_D_A, lr_lambda=LambdaLR(hp.n_epochs, hp.epoch,
                            hp.decay_epoch).step)
lr_scheduler_D_B = torch.optim.lr_scheduler.LambdaLR(
    optimizer_D_B, lr_lambda=LambdaLR(hp.n_epochs, hp.epoch,
    hp.decay_
    epoch).step
)
```

(7) 跳到训练代码,看看特征损失是如何计算的。

```
loss_id_A = criterion_identity(G_BA(real_A), real_A)
loss_id_B = criterion_identity(G_AB(real_B), real_B)
loss_identity = (loss_id_A + loss_id_B) / 2
```

(8) 接下来的 GAN 或对抗损失就像之前的许多示例一样。

```
fake_B = G_AB(real_A)
loss_GAN_AB = criterion_GAN(D_B(fake_B), valid)
fake_A = G_BA(real_B)
loss_GAN_BA = criterion_GAN(D_A(fake_A), valid)
loss_GAN = (loss_GAN_AB + loss_GAN_BA) / 2
```

(9) 循环损失的计算方法与第 4 章中类似,使用 lambda 标度计算最终损失。

```
recov_A = G_BA(fake_B)
loss_cycle_A = criterion_cycle(recov_A, real_A)
recov_B = G_AB(fake_A)
loss_cycle_B = criterion_cycle(recov_B, real_B)
loss_cycle = (loss_cycle_A + loss_cycle_B) / 2
# 最终损失
loss_G = loss_GAN + hp.lambda_cyc * loss_cycle +
hp.lambda_id * loss_identity
```

在选择的数据集上运行该示例时,可能会出现一些明亮的斑块。这是由特征过度提取导致的,应该很快就会消失。如果发现它持续存在,可以增加超参数 n_residual_blocks,以增加生成器中的残差块数量。增加生成器中残差块的数量会减少特征过度提取的问题,但会花费更长的训练时间,这是网络中权重和参数数量增加造成的。

图 6-4 给出来自 CycleGAN 模型的样本训练输出,该模型使用具有 9 个残差块的残差生成器,并对"马到斑马"进行了 200 多轮训练。虽然视觉效果不是最

佳的，但是可以看到，生成器完成得很好。当然，还可以通过超参数调优来优化训练结果。

图 6-4 来自 CycleGAN 模型的样本训练输出

添加残差块可以使转换更加自然，尝试使用超参数添加残差块，并观察其对训练的影响。此外，还可以切换数据集并进行重新训练，以查看交换数据域的生成效果。

ResNet 通过学习和复制特征，为图像到图像的转换应用提供了一套有用的工具，这在其他分类应用和其他形式的图像转换中也有较好的效果。

6.3 用 StarGAN 创建人脸

目前，人们已经研究了使用配对或未配对训练集的无条件图像到图像转换。正如在 GAN 的开发过程中所了解到的，模型的作用是对输出进行调节，这不仅能控制输出效果，而且可以提高模型训练的性能。

StarGAN 就是引入条件限制而设计的 GAN，之所以如此命名，是因为 GAN 在一个全面的名人人脸数据集上进行了条件性训练，而这些数据集包含属性标签，属于有条件的 GAN。该数据集是 CelebA，目前已成为人脸数据集的标准之一。

CelebA 数据集有几种风格，本节应用的数据集版本特点是人脸位于画面中央。此外，还将使用带标签的文本文件，该文件包含图像的 30 多个属性，如黑发、金发、男性和年轻等。

StarGAN 本身只是条件 GAN 的高级实现版本，正如之前讨论的 CGAN 或 CDCGAN，StarGAN 的优势在于它能很好地利用 ResNet 产生令人印象深刻的输出效果。

图 6-5 给出经过 65 轮训练的 StarGAN 模型输出。GAN 在这些类别上进行了有条件的训练，如黑发、金发、棕发、男性和年轻。根据图中的输出，除了年轻属性有点牵强之外，其他属性总体上看起来不错。

图 6-5 经过 65 轮训练的 StarGAN 模型输出

由于之前已经讨论过条件 GAN，并且已经介绍了图像到图像的转换，现在可以继续运行练习 6-3。在这个练习中，将讨论 StarGAN 在属性和数据子集上的训练实现过程。

练习 6-3：使用 StarGAN 创建人脸。

(1) 打开 GitHub 网站上的 GEN_6_StarGAN.ipynb 文件。如果不知道如何访问源代码，请查看附录 B。从菜单中选择运行时间➤按钮，运行整个文件。

(2) 这个代码文件中的大部分代码大家应该是熟悉的，下面再次介绍新的或不同的超参数。n_residual_blocks 超参数用于控制生成器中使用的残差块数量，其中 lambda_cls 和 lambda_rec 分别控制类和再转换损失的比例。lambda_gp 超参数可以调节影响对抗损失的梯度惩罚量。评论家数量(n_critic)是判别器在生成器之前训练的次数。

```
n_critic=5,
residual_blocks=16,
lambda_cls=1,
lambda_rec=10,
```

```
lambda_gp=10
```

(3) 图像对齐数据集有超过 20 万幅图像。因此，需要注意超参数 train_split，它控制着模型训练的数据量。该值设置为图像的 0.2 或 20%。这样做是为了减少训练时间，但是会影响输出质量。

```
train_split=0.2
```

(4) 放大人脸图像，在加载到数据集时进行裁剪。这是使用一组转换集来执行的，极大地提高了训练性能。

```
train_transforms = [
    transforms.Resize(int(1.25 * hp.img_size), Image.BICUBIC),
    transforms.CenterCrop(hp.img_size),
    transforms.RandomHorizontalFlip(),
    transforms.ToTensor(),
    transforms.Normalize((0.5, 0.5, 0.5), (0.5, 0.5, 0.5)),]
```

(5) 跳转到损失函数的定义和模型代码的创建。在代码的顶部，损失函数 criterion_cls 输入 logit（类）和 target，然后通过 logits 函数传递二进制交叉熵损失，其输出除以 size(0) 或批处理量，从而计算结果的平均值。

```
def criterion_cls(logit, target):
    return F.binary_cross_entropy_with_logits(logit, target, size_
                                 average=False) / logit.size(0)
# 初始化生成器和判别器
generator = GeneratorResNet(img_shape=input_shape, res_blocks=hp.
                            residual_blocks, c_dim=c_dim)
discriminator = Discriminator(img_shape=input_shape, c_dim=c_dim)
if cuda:
    generator = generator.cuda()
    discriminator = discriminator.cuda()
    criterion_cycle.cuda()
generator.apply(weights_init_normal)
discriminator.apply(weights_init_normal)
```

(6) 跳转到训练代码，首先关注判别器或对抗损失，如下所示。关键的区别是使用 criterion_cls 损失函数增加了分类损失。

```
# 真实图像
real_validity, pred_cls = discriminator(imgs)
# 虚假图像
fake_validity, _ = discriminator(fake_imgs.detach())
```

```
# 梯度惩罚损失
gradient_penalty = compute_gradient_penalty(discriminator,
                                            imgs.data,
                                            fake_imgs.data)
# 对抗损失
loss_D_adv = -torch.mean(real_validity) + torch.mean(fake_validity) +
             hp.lambda_gp * gradient_penalty
# 分类损失
loss_D_cls = criterion_cls(pred_cls, labels)
# 最终损失
loss_D = loss_D_adv + hp.lambda_cls * loss_D_cls
```

(7) 向下滚动到生成器损失部分，注意观察 n_critic 超参数如何设置生成器在 if 语句中的训练频率，从而允许将损失应用到判别器相对于生成器的频率。这是一个很好用的超参数，如果读者觉得某个模型优于另一个，则可以通过此超参数进行调整。

(8) 读者也应该能够看到生成器的损失部分，如下所示。同样，损失的计算和前面的练习一样，首先计算对抗损失，然后是分类损失，最后是循环损失。使用 lambda 比例因子将它们全部相加。

```
# 转换和重建图像
gen_imgs = generator(imgs, sampled_c)
recov_imgs = generator(gen_imgs, labels)
# 判别器评估转换图像
fake_validity, pred_cls = discriminator(gen_imgs)
# 对抗损失
loss_G_adv = -torch.mean(fake_validity)
# 分类损失
loss_G_cls = criterion_cls(pred_cls, sampled_c)
# 循环损失
loss_G_rec = criterion_cycle(recov_imgs, imgs)
# 最终损失
loss_G = loss_G_adv + hp.lambda_cls * loss_G_cls + hp.lambda_rec *
         loss_G_rec
```

(9) 这个练习可能需要大量的训练时间，但是很值得，因为这个示例可以产生相当真实的结果。请务必打开位于 images 文件夹中的 list_attr_celeba.txt 文件。在这个文件中，可以看到训练这个示例的属性列表，大约有 30 个。通过调整超参数列表 selected_attrs 来交换属性名称。

如图 6-5 所示，虽然 StarGAN 训练时间比较长，但效果非常不错。读者可以在自己的应用程序中扩展和开发示例，效果会很好。

6.4 迁移学习的优势

读者可能已经注意到前面采用了一些相同的模型，这其实是使用模型的一种具体模式，目的就是让代码从一个练习轻松地转换到另一个练习。在深度学习中，大家可以共享代码，也可以共享模型、代码实现和训练结果，这就是迁移学习的优势。

当在 PyTorch 或其他框架中构建模型时，可以将模型编译成数学函数图，然后将图保存到磁盘上的文件中，以便以后在没有原始代码的情况下复用。此外，还可以保存模型的训练参数和权重，以便在之后的其他训练中复用。

保存模型和权重的灵活性有助于开展工作，其允许共享各种参考网络模型。一个参考网络模型通常是通过文献出版或技术竞争建立起来的，处于某一类特定任务的最前沿。

许多可参考的网络模型已经在 ImageNet 上进行了训练和测试。ImageNet 是一个庞大的数据集，由 1000 个类别定义的 200 多幅图像组成。网络模型在 ImageNet 上进行分类精度的训练和测试，其中最精确的模型通常作为参考模型。

读者可能会问，在 ImageNet 等不同图像集上训练的模型怎么能够复用呢？深度学习模型是分层构建的，这些层可以被删除或添加，然后重新编译，因此向模型中删除和添加层可将其扩展到新的共享域。

图 6-6 给出了迁移学习的原理，即删除模型的底层，即分类层，用新的层替换，另外冻结了几个现有层，即模型的顶层。冻结这些层意味着正在固定权重，不允许模型进一步训练它们。底层和新层设置为可训练，并允许模型学习新的分类任务。

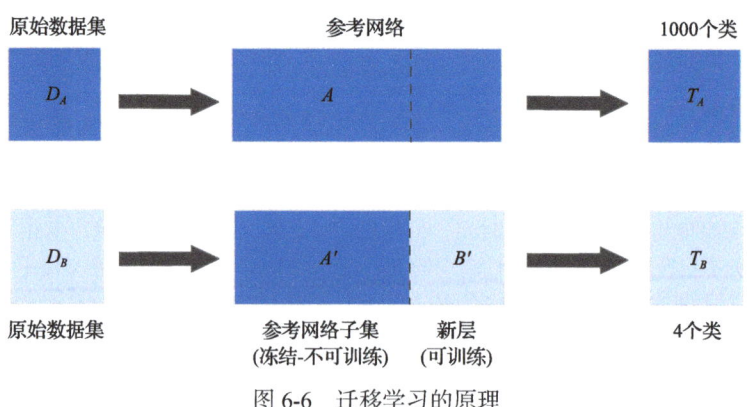

图 6-6　迁移学习的原理

因此，可以采用如图 6-2 所示的 VGG19 之类的参考模型，并将其从输出 1000 个类的模型重新调整为一个输出 4 个类的模型，这样做的好处是新模型复用了参考模型训练的特征提取能力。在新模型中只需训练几个新层，就可以快速训练一个新的模型来对新的输出进行分类。

需要注意的是，对于训练有素的分类猫和狗的模型，可能不会很好地迁移到识别重型机械的模型。然而，在 1000 类 ImageNet 数据集上训练的参考网络具有非常多样化的特征提取能力，可以在许多任务上运行。

在练习 6-4 中，将研究如何复用参考 VGG19 模型来对 CelebA 数据集进行分类，并使用之前 StarGAN 练习中的标签作为名人人脸的类输出。正复用一个预训练参考模型的目的是使其能够快速学习。

练习 6-4：基于迁移学习的特征重构。

(1) 打开 GitHub 网站上的 GEN_6_Transfer_Learning.ipynb 文件。如果不知道如何访问源代码，请查看附录 B。
(2) 同样，本代码文件中的大部分代码应该是前面练习的重复。请花几秒钟时间查看代码，并查看超参数中的任何细微差异。
(3) 主要的关注点是加载参考 VGG19 模型，冻结该模型，然后用一个新的设计替换底部的分类层，将输出分类到选定的类别。

```
classes = hp.selected_attrs
## 加载基于VGG19 参考模型
model = torchvision.models.vgg19(pretrained=True)
## 冻结模型
for param in model.parameters():
    param.requires_grad = False
# 更新分类层
number_features = model.classifier[6].in_features
features = list(model.classifier.children())[:-1] # Remove last layer
features.extend([torch.nn.Linear(number_features, len(classes))])
model.classifier = torch.nn.Sequential(*features)
```

(4) 现在有了一个新的模型，该模型训练用来提取可以复用于新分类器的特征，适用于已经选择的类。
(5) 向下滑动到底部附近的训练代码，注意观察是如何训练模型的。在代码中使用 torch.max 函数将输出类数组中的标签压缩到最大，这意味着只是将模型训练到单个类的最大输出。

```
inputs, labels = data
inputs = inputs.cuda()
labels = labels.cuda()
```

```
optimizer.zero_grad()
with torch.set_grad_enabled(True):
    outputs = model(inputs)
    loss = loss_fn(outputs, torch.max(labels, 1)[1])
loss.backward()
optimizer.step()
```

(6) 模型完成训练之后,希望其继续运行,并对验证数据集进行可视化测试,使用以下代码执行此操作。

```
num_images = 6
was_training = model.training
model.eval()
with torch.no_grad():
    (inputs, labels) = next(iter(val_dataloader))
    inputs = inputs.cuda()
    outputs = model(inputs)
    preds = torch.where(outputs > 0.5, 1, 0)
    for i in range(len(inputs)):
        pred_label = [hp.selected_attrs[i] for i,label in
            enumerate(preds[i]) if label > 0]
        truth_label = [hp.selected_attrs[i] for i,label in
            enumerate(labels[i]) if label > 0]
        print(f"Predicted: {(pred_label[0] if pred_label else None)}
        Truth: {truth_label}")
        imshow(make_grid(inputs[i].cpu()), size=pic_size)
    model.train(mode=was_training)
```

(7) 图 6-7 给出了模型预测输出示例。注意,该模型仅能预测一个类别,因为模型一次只能训练一个类。

(8) 该模型的训练速度很快,所以可以返回尝试训练不同的类,看看这对预测的输出有什么影响。

现在,不必总是冻结所有参考模型层。实际上,可以仅冻结模型的一部分,从而允许某些层根据领域调整已学习的特征提取。通常会解冻或不冻结模型中的较低层,这些层针对特定领域进行了更精细的调整。

从分类到特征提取的各种应用,迁移学习都是重新学习模型的绝佳方式。

预测：金发，真值:['金发'，'棕发'，'年轻']   预测：黑发，真值:['黑发'，'年轻']

图 6-7　模型预测输出示例

6.5　用 SRGAN 提高生成图像分辨率

在 1982 年的电影《银翼杀手》中，有一幕使用软件放大和增强静态图像的场景。虽然这部电影的背景时间设定为未来，但不久之后，同样的技术在电影和电视节目中反复使用。

然而，人们对图像分析软件的刻板印象使得讽刺表情包和喜剧演员都会取笑这样的程序，认为图像分析软件永远达不到这样的效果。其实这一切都变了，在生成式建模和深度学习出现之后，这些都成为现实。

事实上，随着生成式建模和深度学习的发展，现在完全可以实现这部多年前电影中的场景。通过生成式建模技术，可以在放大图像的同时提高图像的分辨率。该生成对抗网络称为 SRGAN，最初的设计目的就是提高图像的分辨率，但是稍作修改后，也可以同时放大图像。

SRGAN 的原理虽然略显简单，但却结合了先进技术实现其功能。在 SRGAN 中，生成器与确定特征损失的特征提取器相匹配。该特征提取器模型基于 VGG19 模型，但没有重新调整模型的用途，只是移除了最后一层。

在移除 VGG19 模型的最后一层后，将 1000 个类的模型输出转换为最后一层中提取的特征，然后使用这些特征与真实图像进行比较，以确定生成器的进一步损失或错误，最后添加新的分类层，就可以对提取的特征进行重新分类。

结合 ResNet，SRGAN 成为相对简单但功能强大的模型，具体可在练习 6-5 中看到。

练习 6-5：用 SRGAN 提高图像分辨率。

(1) 打开 GitHub 网站上的 GEN_6_SRGAN.ipynb 文件。如果不知道如何访问源代码，请查看附录 B。

(2) 这段代码的大部分内容读者都很熟悉,请注意观察如何在本练习中定义一个新的超参数。SRGAN 像 CelebA 数据集一样使用单一的图像集,但会准备和调整图像的副本,以获得想要的输出。为了设置图像增强的程度,需要利用 hr_size 来定义高分辨率图像集的大小。

```
img_size=128,
hr_size=256,
```

(3) 向下滚动到加载图像的 ImageSet 类数据加载器。使用第一组图像创建两组图像,其中一组为低分辨率图像,另一组为高分辨率图像。转换各种图像集的代码如下所示。

```
self.lr_transform = transforms.Compose([
    transforms.Resize((hr_height // 4, hr_height // 4),
    Image.BICUBIC),
    transforms.ToTensor(),
    transforms.Normalize(mean, std),])
self.hr_transform = transforms.Compose([
    transforms.Resize(int(1.5*hr_height), Image.BICUBIC),
    transforms.CenterCrop(hr_height),
    transforms.ToTensor(),
    transforms.Normalize(mean, std),])
```

(4) 请注意高分辨率图像的转换,即 self.hr_transform,包括用于 StarGAN 的放大和中心裁剪,可有效放大名人的人脸。self.lr_transform 通过参数 hr_height//4 缩小图像,从而将图像缩小到原尺寸的 1/4。

(5) 再次向下滚动到模型定义,并查看此处显示的新模型类 FeatureExtractor。在这个模型中,可以看到如何通过预训练模型创建 VGG19 参考模型。将模型从第 18 层分离,删除最后一个分类层。

```
class FeatureExtractor(nn.Module):
    def __init__(self):
        super(FeatureExtractor, self).__init__()
        vgg19_model = vgg19(pretrained=True)
        self.feature_extractor = nn.Sequential(*list(vgg19_model.
                            features.children())[:18])
    def forward(self, img):
        return self.feature_extractor(img)
```

(6) 向下滚动一点,快速查看如何创建这三个模型,即生成器、判别器和特征提取器。

```
generator = GeneratorResNet()
discriminator = Discriminator(input_shape=(hp.channels, *hr_shape))
feature_extractor = FeatureExtractor()
# 特征提取器设置为推理模式
```

```
feature_extractor.eval()
```

(7) 缩小到训练代码块,查看如何计算生成器的损失。请注意观察如何使用内容损失确定最终损失。

```
# 由低分辨率图像生成高分辨率图像
gen_hr = generator(imgs_lr)
# 对抗损失
loss_GAN = criterion_GAN(discriminator(gen_hr), valid)
# 内容损失
gen_features = feature_extractor(gen_hr)
real_features = feature_extractor(imgs_hr)
loss_content = criterion_content(gen_features,
real_features.detach())
# 最终损失
loss_G = loss_content + 1e-3 * loss_GAN
```

(8) 这个模型可能需要一段时间来训练,初始输出效果很差。模型经过几轮训练后,输出效果就会很好。

图 6-8 给出 SRGAN 模型训练输出结果。图 6-8(a)显示了原始的 64×64 低分辨率图像,图 6-8(b)显示了 256×256 高分辨率图像。虽然右边的图像看起来只是左边图像的放大版,但它在放大的同时还提高了分辨率。

(a) 64×64低分辨率图像

(b) 256×256高分辨率图像

图 6-8　SRGAN 模型训练输出结果

以前只存在于科幻小说中的事情,现在通过生成模型和 SRGAN 就能够变为现实，这无疑受益于生成式建模和 SRGAN 技术的爆炸式增长。

6.6 本章小结

将 ResNet 应用到 GAN 中，使得现在的生成模型远超预期。正如本章所讨论的，GAN 可以实时地生成实用的内容，甚至可以完成性别交换和改变头发颜色之类的处理。本章所介绍的模型有非常广泛的商业用途，如图像增强处理、向客户展示不同的头发颜色或服装。生成模型的可能性将无限大，功能也会日益强大。

随着本书内容的深入，必须关注技术对现实世界的影响。对读者来说，可能第一次生成看起来非常真实的虚假图像。这种技术带来的可能性既令人兴奋，又令人惶恐。特别是当读者具备了本书提供的一些新技能时，需要遵守新时代人工智能的使用规则，最重要的是，不得使用人工智能模型做坏事。

因此，希望读者能够合理使用本章及其后续章节中所获得的知识。在构建生成模型时，请始终牢记不得使用人工智能模型做任何坏事。虽然本书无法穷举到人工智能模型的每一种应用，但还是要考虑一些可能造成伤害的方式，并坚决避免它们的发生。

第 7 章 注意力机制

注意力(attention)这个词来源于拉丁语 attentionem，意思是给予注意或要求某人集中注意力。军事教官、老师和家长都会经常说"注意"，用来要求人们加以特别关注。值得"注意"的是，在数学和计算机科学领域，也使用"注意"这个词来描述事物与其他事物之间的联系。

2017 年，《注意力就是您所需要的一切》[①]将注意力概念进一步深化，并介绍了注意力在深度学习中的应用，分析了主要特征对其他特征的影响程度，并且展示了开始改变深度学习的工具和结果。虽然最初注意力机制的研究重点主要集中在自然语言处理应用方面，但之后，GAN 的研究者也引入了注意力机制，并将其称为自注意力 GAN(self-attention GAN，SAGAN)。

本章将深入研究注意力机制的工作原理，以及如何将其融入深度学习中。首先分析各种类型的注意力，以及它们是如何发挥作用的，并用代码示例来查看基本的注意力机制是如何提取特征关系的，并学习使用卷积层的注意力可视化示例。接下来，在 CelebA 人脸数据集构建 SAGAN 示例，在该数据集上训练模型后，就可以从零开始生成真实的人脸。最后，利用 ResNet 和利普希茨约束条件，构建 SAGAN 模型。

此外，引入自注意力机制会增大模型训练的压力，为了更好地平衡生成器和判别器之间的关系，还需要了解其背后的数学原理。函数的利普希茨连续性是平衡生成器和判别器训练的数学原理，因此在使用注意力之前，还需要花时间来理解利普希茨连续性的基本概念，以及如何对其进行有效利用。

7.1 注意力的基本概念

一般来说，可以把"注意力"这个词理解为某人或某一实体对特定任务或另一实体的关注程度。例如，在军队中，士兵可能会被要求立正(attention)，意思是站直并面向前方，而家人或朋友会用这个词请求获得您的陪伴和注意。

不管怎样，都可以将注意力视为一个实体对另一个实体的关注程度，或者接受另一个实体指示的程度，例如，A 关注 B，但 B 不关注 A，这样就建立了"A

[①] Vaswani A, Shazeer N, Parmar N, et al. Attention is all you need[C]//Neural Information Processing Systems, 2017.

注意 B"的联系。换句话说，A 可以接受 B 的指示，但 B 并不接受 A 的指示。

图 7-1 给出鼠标在网络表单上的移动热注意力图。在图中，颜色代表热度或关注度。红色区域代表关注的热点区域，或者访客将鼠标悬停在这些区域上的位置，而蓝色区域表示鼠标很少停留或没有停留。

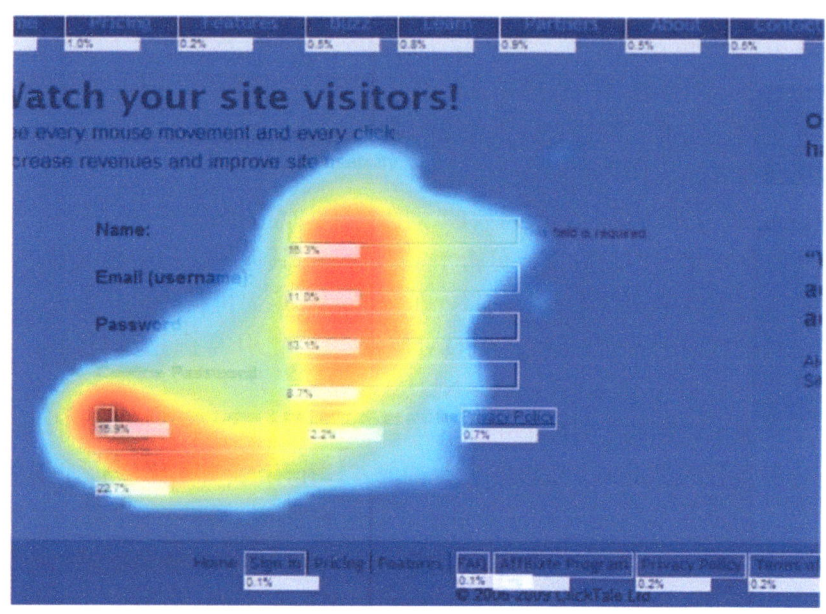

图 7-1　鼠标在网络表单上的移动热注意力图

通常情况下，应用于数学和深度学习中的注意力机制非常类似于图 7-1 中的示例。事实上，在本章后面还会看到一些注意力图。这些示例将使用不同的梯度来表示注意力，但基本概念是相同的。

注意力的概念首先应用于自然语言处理中，用于序列中的词对与序列翻译模型的关联。众所周知，Seq2Seq 模型在概念上与自动编码器非常相似，即通过学习单词配对来有效地翻译语言，该想法与之前的图像到图像转换 GAN 非常一致。

传统上，在自然语言处理的应用中，使用循环网络或门控网络层来识别单词之间的关系。与卷积网络不同，循环网络依赖序列的递归方法来训练网络层，使得深度学习模型能够学习时间序列或语言序列。但是，循环网络的可扩展性不强，特别是当学习序列的规模增大时，将难以扩展。事实上，最初自然语言处理的研究热点之一就是提高训练的可扩展性，特别是针对较长序列的语言处理。

近年来，被称为转换器的升级版 Seq2Seq 模型充分显示了对自然语言处理模型的额外关注，从而使得具有注意力的转换器模型获得飞速发展，正在将自然语言处理发展到新的高度，也为未来的应用提供了无限可能。读者可能已经听说过BERT(bidirectional encoder representations from transformers)模型或更有名的GPT(generative pre-trained transformer)-2和GPT-3等模型。

图7-2给出了一组语言翻译文本的注意力图,图左侧是英语单词,上侧是西班牙语单词。图中较亮区域显示的单词彼此之间的联系比其他单词更加紧密,深色区域表示单词之间可能没有联系。

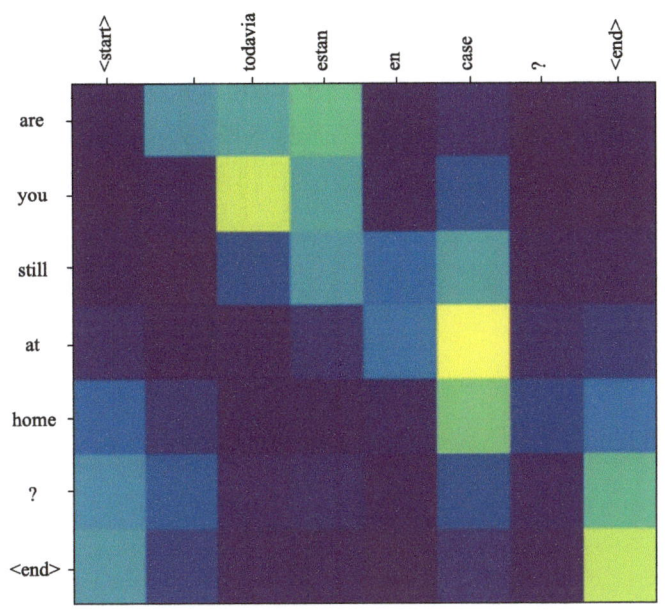

图7-2 一组语言翻译文本(你还在家吗?)的注意力图

自然语言处理模型在生成文本翻译时使用注意力来衡量最可能的单词对,使得模型不仅可以学习单词序列,还可以学习单词如何链接或关联到其他单词,这种概念有效取代了循环网络对自然语言处理任务的依赖。

GPT-2模型耗费了将近一年的时间才向公众发布,因为人们担心这种模型会导致看起来可信但实际虚假的文本以新闻的形式出现。虽然本书不涉及自然语言处理文本生成,但是这些模型有许多相同的概念。

7.1.1 注意力的类型

尽管人们在日常生活中理解并使用各种类型的注意力,但通常认为注意力这个词是二元的,意思是人在"集中注意力"或"不集中注意力"。人们还可能会用其他短语来暗示自己的注意力是否集中在特定问题上,或者关心局部信息及全局信息,甚至关注任务或项目中的特定元素,并理解它们彼此之间以及它们自身的关系。

在机器学习中，可以用注意力将各种背景下的特征与其他特征联系起来。在具体处理时，可能要考虑本地化的特征组是如何相互联系的，或者在全局背景中如何表示特征。注意力可以是局部注意力，也可以是全局注意力，又可以分为硬注意力或软注意力。

图 7-3 给出应用于图像的两类注意力。图 7-3(a)中狗的头部清晰可见，身体的其余部分略微可见，但焦点较弱，这是一个全局注意力的示例，因为可以看到狗的头部与图像其余部分的关系。同时，这也是一个软注意力的示例，因为可以直观地看到整个图像的焦点损失。相反，图 7-3(b)显示的是局部硬注意力的示例。这是硬注意力，因为此处把注意力集中在局部区域，完全忽略了图像的其他部分。同样，这种注意力也是局部的，因为没有关注到狗的头部在全局中与图像其他部分的关系。

(a) 全局软注意力　　　　　　　　　　　(b) 局部硬注意力

图 7-3　应用于图像的两类注意力

卷积层是局部软注意力机制或硬注意力机制的一个示例。当与池化层一起使用时，卷积神经网络是硬注意力，移除了空间关系，使得提取的特征输出变成了块状。使用卷积残差块的 ResNet 模型是局部软注意力机制的一个示例，之所以称其为软注意力，是因为残差在层之间传递或跳跃。

自注意力(self-attention)是另一种使用全局软注意力机制来学习自身或自身内部特征重要性的类型，将以特征或注意力映射的形式生成输出，显示了一个特征与另一个特征之间的关系。

图 7-4 给出了自注意力在显示句子中单词关系的文本中的应用，加阴影的文本显示了句子中的重点单词，以及它与句子中每组单词对其他单词之间的关系。单词周围的阴影越深，表示该单词与重点单词的相关性或关联度越高。图 7-4 还给出了将自注意力应用于注意力图上单词的示例。

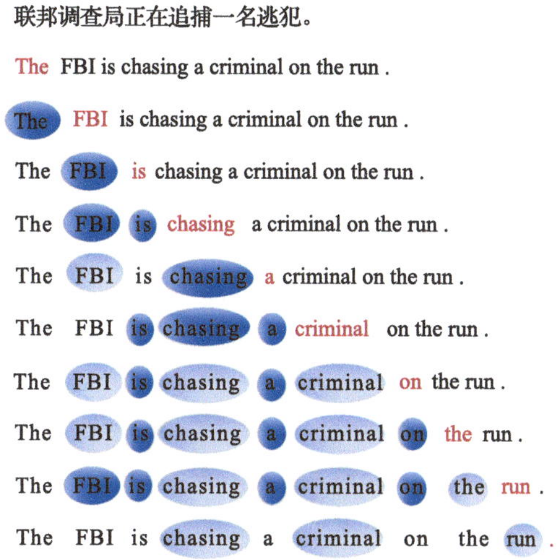

第 7 章 注意力机制

联邦调查局正在追捕一名逃犯。

The FBI is chasing a criminal on the run．

The FBI is chasing a criminal on the run．

The FBI is chasing a criminal on the run．

The FBI is chasing a criminal on the run．

The FBI is chasing a criminal on the run．

The FBI is chasing a criminal on the run．

The FBI is chasing a criminal on the run．

The FBI is chasing a criminal on the run．

The FBI is chasing a criminal on the run．

The FBI is chasing a criminal on the run．

图 7-4 自注意力在显示句子中单词关系的文本中的应用

7.1.2 应用注意力

注意力不仅包含局部硬注意力、全局软注意力等多种形式，而且可以通过多种机制进行应用。表 7-1 给出了各类注意力机制的应用，主要是特征提取和关系提取。虽然可以更详细地回顾每一种方法，但是此处主要关注最后一种，即缩放点积注意力机制。

表 7-1 各类注意力机制的应用

注意力机制	说明
基于内容	余弦(cosine)相似度
合并或求和	tanh 应用于各权重
基于位置	softmax 按权重对齐
通用	直接应用于权重
点积	注意力参数与点积相结合
缩放点积	与点积相同，应用缩放变量

图 7-5 给出了多头注意力的转换器架构。在图中可以看到使用了两种形式的注意力机制，即多头注意力机制和缩放点积注意力机制，将两者结合起来就形成了之前讨论过的自注意力机制。

多头注意力机制由《注意力就是您所需要的一切》的作者引入，并在内部展开为如图 7-5 所示的缩放点积注意力机制的形式。请注意，该论文的重点是训练自然语言处理模型，所以图中的架构是针对自然语言处理转换器的，而不是为

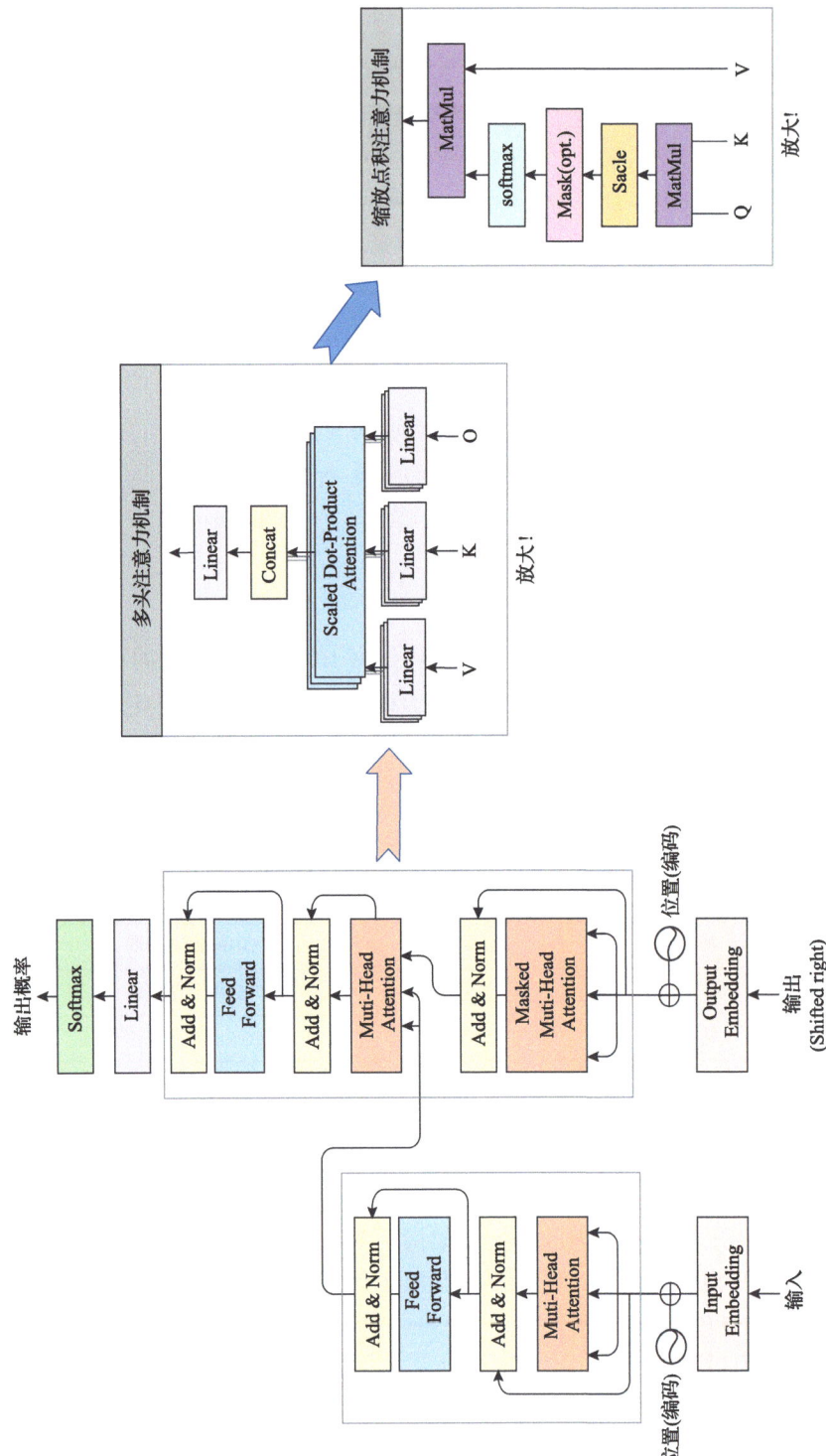

图7-5 多头注意力的转换器架构

GAN 设计的。然而，用于提取自注意力的多头注意力机制是关注的重点。

图 7-5 最右侧的放大图突出显示了应用于三个输入的缩放点积注意力机制：Q、K 和 V。Q 是 querys（查询）的缩写，K 是 keys（键）的缩写，V 是 values（值）的缩写。Q 和 K 首先相乘，然后缩放并通过 softmax 函数传递，最后将此输出乘以输入值 V。

为了演示这种自注意力机制的计算方法，请首先在练习 7-1 中熟悉代码。练习 7-1 仅列出了计算步骤，并没有其他更多考虑。其中，所有的输入和权重都是随机的，可以把练习 7-1 看作训练的初始阶段，接下来探讨多头注意力机制是如何运行的。

练习 7-1：了解多头注意力机制。

(1) 打开 GitHub 网站上的 GEN_7_Attention.ipynb 文件。如果不知道如何访问源代码，请查看附录 B。

(2) 第一个代码块为一个随机输入示例，如下所示。

```
import torch
import numpy as np
x = np.random.randint(0,3,(3,4))
x = torch.tensor(x, dtype=torch.float32)
print(x)
```

(3) 同样，输入和权重是随机的，此处只关注计算步骤。以下代码为查询、键和值赋予了随机权重。

```
w_key = np.random.randint(0,2,(4,3))
w_query = np.random.randint(0,2,(4,3))
w_value = np.random.randint(0,4,(4,3))
w_key = torch.tensor(w_key, dtype=torch.float32)
w_query = torch.tensor(w_query, dtype=torch.float32)
w_value = torch.tensor(w_value, dtype=torch.float32)
print(w_key)
print(w_query)
print(w_value)
```

(4) 在一个真正的多头自注意力层中，权重会随着时间的推移而得到训练。

(5) 将所有的权重乘以输入的 x，以得出键、查询和值。

```
keys = x @ w_key
querys = x @ w_query
values = x @ w_value
print(keys)
```

```
print(querys)
print(values)
```

(6)将查询乘以键的转置,并找到 attn_scores 值。

```
attn_scores = querys @ keys.T
print(attn_scores)
```

(7)将 softmax 函数应用于输出的 attn_scores,得到 attn_scores_softmax。

```
from torch.nn.functional import softmax
attn_scores_softmax = softmax(attn_scores, dim=-1)
print(attn_scores_softmax)
```

(8)通过乘以这些值并对结果求和来生成输出。

```
weighted_values = values[:,None] * attn_scores_softmax.T[:,:,None]
outputs = weighted_values.sum(dim=0)
print(outputs)
```

读者从练习 7-1 中主要学习简单示例的使用,并确定如何将多头注意力机制应用于输入的功能步骤中。

7.2 用注意力增强卷积

在前面提到的 SAGAN 论文中,作者也引入了注意力增强卷积的概念,此外还展示了如何使用多头自注意力机制来增加卷积层。图 7-6 摘自 SAGAN 论文,给出了应用于卷积层的多头自注意力机制工作原理。卷积特征图作为注意力机制的输入,首先被分成 1×1 卷积层。$f(x)$ 表示键(K),函数 $g(x)$ 表示查询(Q),$h(x)$ 表示值(V)。

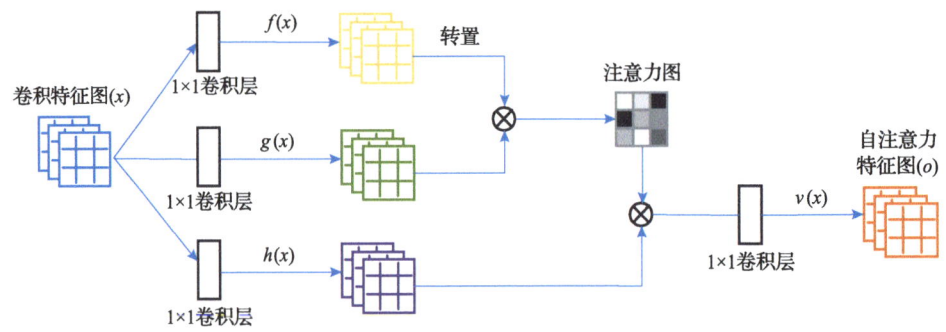

图 7-6 应用于卷积层的多头自注意力机制工作原理

回顾练习 7-1 中的其余计算是如何应用的,读者就会对如何计算多头自注意力机制有更高层次的理解。将输出的自注意力特征图传递到连续的卷积块中。应用自注意力的程度和位置取决于模型架构,在大多数情况下,都是将自注意力机制应用于模型的较低层或者输出层。

清单7-1中的代码是从GEN_7_SAGAN.ipynb示例的Self_Attn层类中提取的,Self_Attn类为卷积增强的自注意力机制提供了一个包装器。完整的示例将在本章后面进行介绍,请注意观察查询(query)和键(key)卷积层如何通过除以8来改变in_dim的输入,同时保持值(value)卷积层不做任何改变。

清单7-1:注意力卷积层。

```
self.query_conv = nn.Conv2d(in_channels = in_dim , out_channels
                            = in_dim//8 , kernel_size= 1)
self.key_conv = nn.Conv2d(in_channels = in_dim , out_channels =
                          in_dim//8 , kernel_size= 1)
self.value_conv = nn.Conv2d(in_channels = in_dim , out_channels
                            = in_dim , kernel_size= 1)
```

在Self_Attn类的forward函数中,可以看到自注意力机制的应用,除了使用view和torch.bmm代表批量矩阵乘法进行张量操作之外,清单7-2中显示的代码与之前在练习7-1中所涉及的类似。

清单7-2:Self_Attn类的forward函数内部。

```
# forward 函数内部
m_batchsize,C,width ,height = x.size()
proj_query = self.query_conv(x).view(m_batchsize,-1,width*height).
                                permute(0,2,1) # B X CX(N)
proj_key = self.key_conv(x).view(m_batchsize,-1,width*height)
  # B X C x (*W*H)
energy = torch.bmm(proj_query,proj_key) # transpose check
attention = self.softmax(energy) # BX (N) X (N)
proj_value = self.value_conv(x).view(m_batchsize,-1,width*height)
# B X C X N
out = torch.bmm(proj_value,attention.permute(0,2,1))
out = out.view(m_batchsize,C,width,height)
out = self.gamma*out + x
return out,attention
```

注意，清单 7-2 中的 forward 函数有两个输出，即输出特征图和注意力图。虽然不能进一步推算这些输出的含义，但是可以将这些自注意力图进行可视化，下面通过练习 7-2 来可视化这些自注意力图。

练习 7-2：自注意力图的可视化。

(1) 在 GitHub 网站浏览器代码文件中打开 https://epfml.github.io/attention-cnn/。
(2) 该网站是作为在 ICLR 2020 上发表的论文——"关于自注意力和卷积层之间的关系"[①]的一部分进行开发的。
(3) 图 7-7 给出了用于控制可视化选项的界面，显示了可视化表格的开始部分，并提供了可视化三种注意力的选项。图中 ViT-Base/16 是一种用于图像分类的常用 Transformer 模型，表示使用 16×16 像素的图像块作为输入。

选择注意力类型：

| 相对自注意力
使用二维相对位置编码
和图像内容来计算注意力 | 纯位置自注意力
抛弃像素值，只在相对
位置上计算注意力 | 视觉转换器
使用一维绝对位置编码和嵌入向量标记进行分类，ViT-Base/16 |

选择图像和查询像素：

图 7-7 用于控制可视化选项的界面

(4) 单击最右边的视觉转换器，并注意图像是如何变化的。
(5) 将鼠标悬停在图像上，可以看到自注意力图如何随着每个像素而更新。
(6) 图 7-8 给出了将像素悬停在鲨鱼图像上的自注意力图示例。
(7) 仔细观察生成的图，在其中许多图中会看到鲨鱼的轮廓，这代表了像素如何与鲨鱼的其他特征相关联。

上述网页和论文展示了模型每一层的多头注意力。在某些情况下，可能希望将注意力应用到模型中的每一层，而在其他情况下，又不希望这样做。

自 2020 年起，卷积的增强注意力变得相当流行，这是有充分理由的。注意力机制是非常强大的工具，可以为基于卷积或其他方法提取的特征提供学习的场景。然而，总是需要平衡两方的改进来构建优秀的生成器。因此，在关注 GAN 之前，7.3 节将再次回顾训练平衡的重要性。

[①] Cordonnier J B, Loukas A, Jaggi M. On the relationship between self-attention and convolutional layers[C]// International Conference on Learning Representations, 2020.

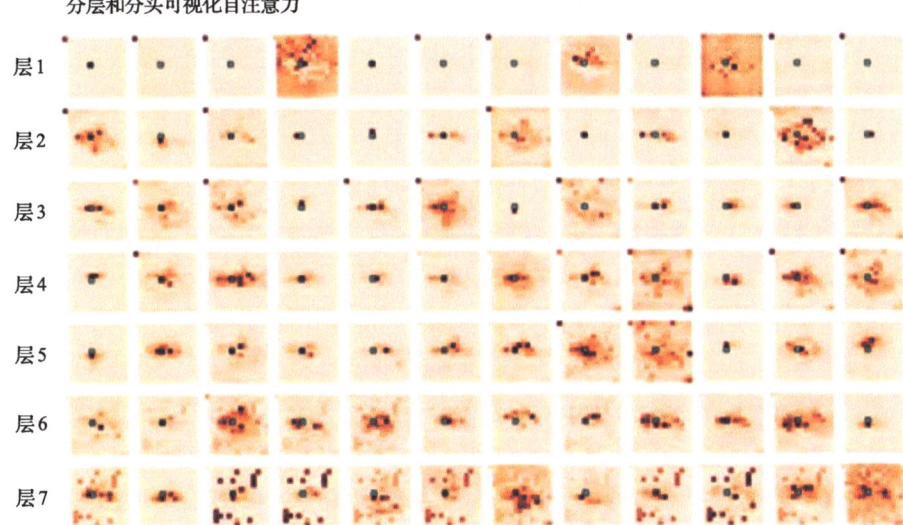

图 7-8 将像素悬停在鲨鱼图像上的自注意力图示例

7.3 利普希茨连续性

本书使用了大量篇幅讨论平衡生成器和判别器训练的必要性。如果没有平衡，也就是说如果任何一方变得过于准确，那么另一方就没有希望变得更好。举个例子，假设您正在刻苦训练，梦想成为世界短跑冠军，您的训练对手是当时地球上跑得最快的人——Bolt[①]。您每天都在训练，并以 Bolt 为榜样衡量自己的进步。不幸的是，Bolt 每天也都在训练，并且和您的进步一样大，甚至更大。由于您将自己的表现与 Bolt 的表现进行比较，您的收获感以及表现开始降低，最后您放弃了，决定只在一旁鼓掌观望。

同样的原理也适用于常规 GAN，生成器以判别器为基准来衡量自身性能，如果判别器在判断真假方面很强大，则返回生成器的损失将减少。反过来，生成器用于训练的损失也会减少，最终导致出现梯度消失问题。

如果您正在训练 GAN 并注意到输出开始下降，那么可能表明判别器变得过于强大。当生成器似乎停止或不再改善时，就会发生相反的情况。这些都是判别器正在退化或刚刚达到其最大潜力的标志。

因此，保持生成器与判别器之间的平衡是训练 GAN 的关键，之前已经研究

---

① Usain Bolt（尤塞恩·博尔特），1986 年 8 月 21 日出生，曾为牙买加短跑运动员、足球运动员，2008 年、2012 年、2016 年奥运会男子 100 米、200 米冠军，男子 100 米、200 米世界纪录保持者。

过更好地解决这个问题的方法。回想一下，在第 4 章中研究了测量和对比分布的各种方法，还介绍了 WGAN——一种使用推土机距离算法来确定损失的 GAN，而不像 KL 那样使用散度函数。

由于 GAN 中的平衡关键点是判别器，通常首先使用它来改善平衡和训练稳定性。可以通过查看判别器试图拟合的函数的抽象属性来实现这一点，该属性称为利普希茨连续性。利普希茨连续性是函数的数学属性，定义了具有一致连续性的函数的一个子类。如果函数在整个空间一致连续，则其是利普希茨连续函数。这意味着函数图形上每个点的斜率必须在某个常数范围内。

图 7-9 给出了连续和非连续利普希茨函数示例。图 7-9(a) 中 $f(x) = \sin x$ 是利普希茨连续函数，因为连续变化的边界线(图中红线)不与图形相交。而图 7-9(b) 中函数 $f(x) = x^2$ 不是利普希茨连续函数，因为当利普希茨常数等于 1 时，边界线(图中虚线)与图形相交。虽然可以增大常数或斜率，但为了稳定，倾向于将利普希茨常数保持在 1。

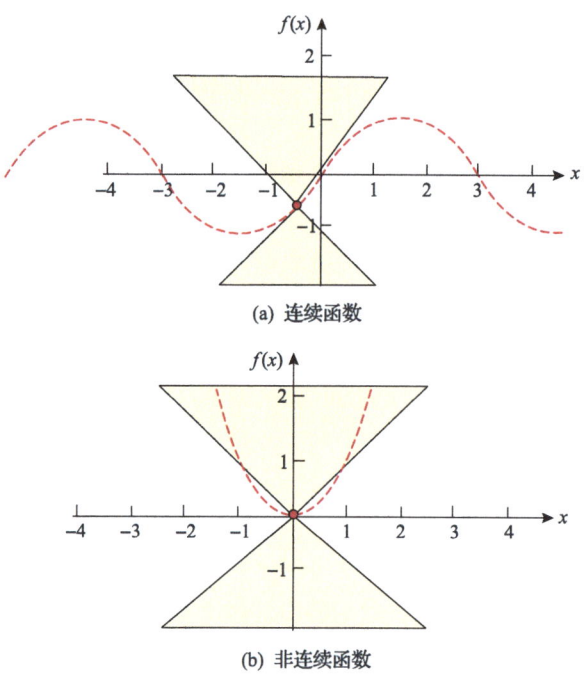

(a) 连续函数

(b) 非连续函数

图 7-9　连续和非连续利普希茨函数示例

在 WGAN 中，推土机函数近似于连续函数，通过该函数判别器试图保持利普希茨连续性。然而，网络模型试图拟合函数，仍然可能导致函数梯度出现断点。

可以通过利普希茨约束来控制函数的利普希茨连续性，或者用不同形式控制函数的变化量。因为希望将变化强制设为常数 1，所以将该约束称为 1-利普希茨约束。此处列出的是在训练梯度时通常需要考虑的几种约束。

（1）"软"1-利普希茨约束：强制梯度函数平均等于或接近于 1。因此，一些功能点可能具有较高的值，而其他功能点的值可能较低。

（2）"硬"1-利普希茨约束：强制梯度在每个点都小于或等于 1。这通常适用于对抗训练。

（3）"梯度"1-利普希茨约束：强制梯度几乎处处为 1。它通常不用于其他机器学习区域，但适用于 Wasserstein 距离训练。

为了对梯度实施 1-利普希茨约束，通常使用两种方法，即权重剪裁和谱归一化。权重剪裁（或者梯度惩罚）可以确保权重被剪裁，使利普希茨常数小于 1。在最后几章中，使用了清单 7-3 所示的 gradient_penalty 函数进行权重剪裁。

清单 7-3：gradient_penalty 函数。

```
#@title HELPER FUNCTION - COMPUTE GRADIENT PENALTY
def compute_gradient_penalty(D, real_samples, fake_samples, labels):
    """Calculates the gradient penalty loss for WGAN GP"""
    # 真实样本与虚假样本之间插值的随机权重项
    alpha = FloatTensor(np.random.random((real_samples.size(0), 1,
                1, 1)))
    # 获取真实样本与虚假样本之间的随机插值
    interpolates = (alpha * real_samples + ((1 - alpha) * fake_
                samples)).
    requires_grad_(True)
    d_interpolates = D(interpolates, labels)
    fake = Variable(FloatTensor(np.ones(d_interpolates.shape)),
                requires_
grad=False)
    # 获取梯度 w.r.t. 插值
    gradients = autograd.grad(
                        outputs=d_interpolates,
                        inputs=interpolates,
                        grad_outputs=fake,
                        create_graph=True,
                        retain_graph=True,
                        only_inputs=True,)[0]
```

```
gradients = gradients.view(gradients.size(0), -1)
gradient_penalty = ((gradients.norm(2, dim=1) - 1) ** 2).mean()
return gradient_penalty
```

以这种方式进行权重剪裁的问题是，近似函数总是假定利普希茨常数小于 1，这意味着近似函数看起来更趋于平滑的山丘和山谷，这反过来又会掩盖应该出现的重要细节信息。

谱归一化是依赖梯度张量的奇异值分解方法，为每个元素产生 sigma 值。通过取张量的最大 sigma 值并除以所有值，可以确保最大值为 1，从而确认函数是 1-利普希茨连续的。

清单 7-4 显示了 SpectralNorm 类的 compute_weight 函数，并将它作为训练时约束梯度的方法。该函数使用奇异值分解方法来确定 sigma 值，然后将所有权重除以 sigma，以确保没有大于 1 的权重。

清单 7-4：谱归一化 compute_weight 函数。

```
def compute_weight(self, module):
    weight = getattr(module, self.name + '_orig')
    u = getattr(module, self.name + '_u')
    size = weight.size()
    weight_mat = weight.contiguous().view(size[0], -1)
    with torch.no_grad():
        v = weight_mat.t() @ u
        v = v / v.norm()
        u = weight_mat @ v
        u = u / u.norm()
    sigma = u @ weight_mat @ v
    weight_sn = weight / sigma
```

在练习 7-3 中，可以看到权重剪裁和谱归一化两种方法如何帮助改进判别器训练和 GAN 平衡。像第 5 章中介绍的梯度惩罚一样，这两种方法都可以单独运行。练习 7-3 对这两种方法进行了演示。

练习 7-3：GAN 中的利普希茨连续性。

(1) 打开 GitHub 网站上的 GEN_7_Lipschitz_GAN.ipynb 文件。如果不知道如何访问源代码，请查看附录 B。

(2) 这个代码示例与第 4 章的 GEN_4_DCGAN.ipynb 练习文件（练习 4-1）几乎相同，唯一的区别是加入了梯度惩罚损失和谱归一化。

(3) 添加梯度惩罚损失和谱归一化相对容易。下面的代码显示了一个判别器和内部卷积块，其中使用 SpectralNorm 类封装了卷积层。

```
class Discriminator(nn.Module):
    def init (self):
        super(Discriminator, self).init()
        def discriminator_block(in_filters, out_filters, bn=True):
            block = [SpectralNorm(nn.Conv2d(in_filters, out_filters,
                    3, 2, 1)),
                nn.LeakyReLU(0.2, inplace=True), nn.Dropout2d(0.25)]
            if bn:
                block.append(nn.BatchNorm2d(out_filters, 0.8))
            return block
```

(4) 可以利用 SpectralNorm 类轻松地将谱归一化添加到生成器的卷积层中，生成器未做改动，以专注于判别器。

(5) 向下移动到训练代码块，再次回顾一下梯度惩罚损失是如何应用于判别器损失的，如下所示。

```
real_loss = loss_fn(discriminator(real_imgs), valid)
fake_loss = loss_fn(discriminator(gen_imgs.detach()), fake)
# 梯度惩罚损失
gradient_penalty = compute_gradient_penalty(discriminator, real_imgs.
                                  data, gen_imgs.data)
loss_D = real_loss + fake_loss + hp.lambda_gp * gradient_penalty
```

(6) lambda_gp 是缩放超参数，用于调整应用于总损失计算的梯度惩罚大小。可以通过在文件中向上滚动几个代码块来引用 gradient_penalty 函数。

(7) 此文件通常需要更长的时间才能稳定，因此输出可能在开始时显得非常随机。要知道这是保持利普希茨连续性的结果。请耐心等待，让样本训练几个小时，注意生成的细节信息数量的增加。

现在已经完成了 GAN 中利普希茨连续性的讨论，7.4 节将回到关于自注意力和自注意力生成对抗网络的工作中。

7.4 自注意力生成对抗网络

自注意力生成对抗网络研究者发现，在利用梯度惩罚或 Wasserstein 距离尝试平衡训练时，自注意力机制也会导致判别器失去利普希茨连续性。因此，本节使用 7.3 节介绍的谱归一化进行修复。谱归一化结合自注意力和所需约束，可将简单的 DCGAN 转换为 SAGAN。这反过来又产生了令人难以置信的盲样本生成结果，而不是单纯的图像到图像的转换。

在练习 7-4 中，将看到经过训练的 SAGAN 的实现过程，可以从 CelebA 数据集中训练生成人脸。请记住，这个 GAN 仅使用了卷积和自注意力机制，生成的人脸是完全盲目的。当然，为了平衡训练，加入了谱归一化以避免训练过程变得不可控制。

练习7-4：建立和训练 SAGAN。

(1) 打开 GitHub 网站上的 GEN_7_DCGAN_SAGAN.ipynb 文件。如果不知道如何访问源代码，请查看附录 B。

(2) 这个代码示例与第 4 章的 GEN_4_DCGAN.ipynb 练习文件(练习 4-1)几乎相同，关键区别是在模型中加入了自注意力机制和谱归一化。

(3) 向下滚动到生成器类定义，查看这里的层配置和转发函数的开始，可以看到如何将自注意力层添加到模型中。

```
self.attn1 = Self_Attn( 512, 'relu')
self.attn2 = Self_Attn( 256, 'relu')
self.attn3 = Self_Attn( 128, 'relu')
self.attn4 = Self_Attn( 64, 'relu')
def forward(self, z):
    z = z.view(z.size(0), z.size(1), 1, 1)
    out=self.l1(z)
    out,_ = self.attn1(out)
    out=self.l2(out)
    out,_ = self.attn2(out)
    out=self.l3(out)
    out,p1 = self.attn3(out)
    out=self.l4(out)
    out,p2 = self.attn4(out)
    out=self.last(out)
    return out, p1, p2
```

(4) 同样，自注意力可以以同样的方式添加到判别器类中，如下所示。

```
self.attn1 = Self_Attn(64, 'relu')
self.attn2 = Self_Attn(128, 'relu')
self.attn3 = Self_Attn(256, 'relu')
self.attn4 = Self_Attn(512, 'relu')
def forward(self, x):
```

第 7 章 注意力机制

```
out = self.l1(x)
out,p0 = self.attn1(out)
out = self.l2(out)
out,p0 = self.attn2(out)
out = self.l3(out)
out,p1 = self.attn3(out)
out=self.l4(out)
out,p2 = self.attn4(out)
out=self.last(out)
return out.squeeze(), p1, p2
```

(5) 此模型在所有层都使用了自注意力机制。由于额外的计算和对平衡利普希茨连续性的需求增加，添加自注意力层会降低训练性能，可以通过注释调整在模型中出现的自注意力层。
(6) 甚至可以注释掉所有的自注意力层，看看对训练有什么影响。如果这样做，一定要调整模型的注意力输出（p_1、p_2）。
(7) 在训练代码块中，可以看到如何计算损失，如下所示。

```
d_out_real,dr1,dr2 = discriminator(real_images)
# 铰链损失
d_loss_real = torch.nn.ReLU()(1.0 - d_out_real).mean()
z = tensor2var(torch.randn(real_images.size(0), hp.latent_dim))
fake_images,gf1,gf2 = generator(z)
d_out_fake,df1,df2 = discriminator(fake_images)
# 铰链损失
d_loss_fake = torch.nn.ReLU()(1.0 + d_out_fake).mean()
# 反向传播 + 优化器
d_loss = (d_loss_real + d_loss_fake) / 2
d_loss.backward()
optimizer_D.step()
```

(8) 在本示例中，使用铰链损失函数来确定损失，方法是将输出传递给 ReLU 函数并取其平均值，这只是控制负损失的一种手段。注意：没有使用判别器的自注意力图输出。
(9) 图 7-10 给出了练习 7-4 的训练输出结果。注意输出的质量，并记住所有的人脸都不是真人，均是完全盲目生成的。

考虑到生成器在生成人脸时是完全盲目工作的，练习 7-4 的输出结果确实非常惊艳，这与在前几章中看到的图像到图像的生成模型形成了鲜明对比。

图 7-10　练习 7-4 的训练输出结果

7.5　自注意力生成对抗网络的改进

自注意力提供了特征学习的另一种可能,即基于卷积的全局特征定位,但这样也会产生副作用。这些副作用可以通过强制执行利普希茨连续性来缓解,但仍然存在问题,如特征的过度提取。为了缓解这些问题,本节将探讨另一个 SAGAN 示例,该示例使用残差块实现卷积层的跳跃连接并添加条件生成。如前所述,条件的生成和判别可以定位到局部区域,从而提高生成性能。

在练习 7-5 中,将使用 ResNet 卷积模型、标签和条件来改进 SAGAN。这里将再次使用 CelebA 数据集,并使用标签属性作为每幅图像的类别。因此,希望类别是独一无二的,不能多幅图像共享。为此,将坚持使用基本的头发颜色(金发、黑发和棕色)作为类别,并且只加载已归为此类别的名人人脸。练习 7-5 对之前的工作进行了改进,还尝试生成 128×128 像素的人脸,这是迄今所做的最大盲目生成。

练习 7-5:SAGAN 的改进。
(1) 打开 GitHub 网站上的 GEN_7_Celeb_SAGAN.ipynb 文件。如果不知道如何访问源代码,请查看附录 B。
(2) 本代码示例还是基于第 4 章中的 GEN_4_DCGAN.ipynb 练习文件(练习 4-1)。大多数新代码位于定义模型和辅助函数的几个块中。请注意，当使用 GPU 运行时，这个文件目前使用了 GoogleColab 的所有内存，因此需要谨慎地修改一些超参数，如批处理量或图像大小。

增加任何模型的批处理量都会增加模型在处理正向传递时的内存需求。减少批处理量，可以减少内存需求，但可能会降低训练性能并增加运行时间。

(3) 向下跳到模型的部分和生成器类的定义。请注意观察自注意力类如何用于几个层之间。

```
ConvBlock(512, 512, n_class=n_class),
ConvBlock(512, 256, n_class=n_class),
SelfAttention(256),
ConvBlock(256, 128, n_class=n_class),
SelfAttention(128),
ConvBlock(128, 64, n_class=n_class)])
```

(4) 同样，可以在判别器结构中看到相同的结构。

```
SelfAttention(128),
conv(128, 256, downsample=False),
SelfAttention(256),
conv(256, 512),
conv(512, 512),
conv(512, 512))
```

(5) 注意生成器和判别器模型构造中的 512 层模型计算，可以添加更多复制层或自注意力层。但是，当前配置会使用最大的 GPU 内存。虽然可以将运行时间类型设置为"CPU"并增加模型参数，但在 CPU 上训练这样的模型将会非常耗时。

(6) 该示例引入了调度器。调度器允许在运行时修改超参数。虽然可以对任何超参数进行更改，但在训练过程中，通常只修改学习率超参数。在优化器部分，还会创建两个新的调度器，如下所示。

```
scheduler_G = StepLR(optimizer_G, step_size=1, gamma=hp.lr_gamma)
scheduler_D = StepLR(optimizer_D, step_size=1, gamma=hp.lr_gamma)
```

(7) 这些调度器通过将当前学习率乘以 lr_gamma 超参数（在本示例中设置为 0.999）来随时间衰减学习率。在生成器上运行每个训练批次之后，可以通过调用步进函数来步进/衰减学习率，如下所示。

```
scheduler_G.step()
scheduler_D.step()
```

(8) 接下来，将研究判别器损失的计算。请注意观察如何使用铰链损失来处理对抗性的虚假损失和真实损失，然后通过附加梯度惩罚来计算总损失。

```
loss_D_fake = F.relu(1 + fake_validity).mean()
loss_D_real = F.relu(1 - real_validity).mean()
loss_D = loss_D_real + loss_D_fake + hp.lambda_gp * gradient_penalty
```

(9) SAGAN 的输出结果如图 7-11 所示，这个示例可能需要一段时间来训练，甚至会产生一些奇怪的内容。然而，当训练最终完成时，输出可能是非常有趣的，并且在某些方面很具有艺术性。

[轮次: 10/50] [批次: 1055/2207] [判别器损失: 0.893964] [生成器损失: 0.860917] [预计到达时间: 12:18:49.989745]

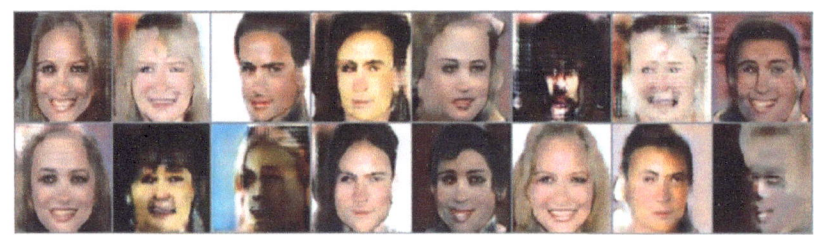

[轮次: 36/50] [批次: 170/2207] [判别器损失: 1.130744] [生成器损失: 0.330841] [预计到达时间: 4:19:47.711524]

图 7-11　SAGAN 的输出结果

练习 7-5 可能需要很长时间才能获得最终结果，而在此之前获得的结果已经非常出色。同时，第 6 章中的 StarGAN 文件已经升级为使用自注意力和谱归一化，请务必查看 GEN_7_Self-attention_STARGAN.ipynb 文件，了解更多使用自注意力和谱归一化的示例。

7.6 本章小结

本章主要介绍了注意力的基本概念，以及如何根据局部特性或全局特性、软特性或硬特性来定义注意力。注意力机制不仅可以更好地定义特征映射或关系，而且能重新生成相同的关系。然而，要使用扩展的注意力特征映射，还需要更好地理解判别器和生成器之间的训练平衡。为此，本章研究了函数的一条重要数学特性和抽象性质，即利普希茨连续性，该抽象数学术语定义了函数的一致性或光滑性。因此，使用梯度惩罚损失或谱归一化约束函数的利普希茨连续性，GAN 可以成为更加平衡的训练器，从而可以使用更好的特征来引入自注意力机制。最后，本章将所有内容整合在一起，针对名人人脸数据集开展 SAGAN 训练，目的就是盲目生成新人脸，另外在这个模型的基础上添加了 ResNet 模块，对该模型进行了改进，再次生成全新的、分辨率更高且细节信息更加丰富的人造人脸图像。

第8章　高级生成器

伴随着新型 GAN 及生成器的大量出现，人工智能和机器学习获得了突飞猛进的发展。本书介绍了很多生成器的发展历史，并深入探讨了它们的技术进步和带来的影响，以及它们可能失败的原因。

本书主要提供扎实的基础知识，以方便读者了解众多生成器的细微差别，并学会如何构建它们。为了让学生掌握复杂的算法原理，本书采用了 GoogleColab 平台，可以提供更加便捷的学习途径，而无须自行安装软件。通过这种方式，尽可能让初学者尽快熟悉生成器和深度学习。

随着人工智能和机器学习的快速发展，代码示例将变得越来越庞大，为了实现新变化或新功能，解释一种新形式的 GAN 可能会占用本书大量篇幅，此时就达到了收益递减点。因此，在以后的章节中，将采取更实用的方法，即使用带有打包代码的生成器。

本章首先介绍如何使用打包的开源代码，这些代码可以快速设置、训练或用于实际生成，所有示例都是生成器的高级版本。虽然不会查看它们的代码，但会深入了解它们的功能。这些代码都是开源的，感兴趣的读者可以自行学习其内部工作原理。

本章将以渐进式生成对抗网络(progressive GAN，ProGAN)作为开始，这是一种通过模型训练逐步提高图像分辨率的生成器。接下来将介绍 StyleGAN，这是一款受风格转移启发的 GAN，也建立在 ProGAN 基础之上。随后还会研究 StyleGAN2（或者称为第二代 StyleGAN），它可以在熟悉的 CelebA 数据集上表现出色。

在云笔记本上训练高级 GAN 的效果并不理想，所以 8.3 节和 8.4 节将研究使用其他生成器。首先介绍 DeOldify，这是一款新开发的生成器，称为 NoGAN，可以为老照片和视频着色。然后用另一款名为 ArtLine 的工具来结束本章内容，它可以将照片转换成艺术线条图。

8.1　渐进式生成对抗网络

2016 年，NVIDIA 公司的团队撰写了题为 "GAN 的渐进式增长及其质量、稳定性和变化性的提升"[1]的论文。该论文概述了 ProGAN 的训练过程，从非常低分

---

[1] Karras T, Aila T, Laine S, et al. Progressive growing of GANs for improved quality, stability, and variation[C]// International Conference on Learning Representations, 2018.

辨率的图像开始，不断提高分辨率。ProGAN 可以从 4×4 像素的图像开始，逐步发展到 1024×1024 像素的高分辨率图像。

ProGAN 的概念起源于试图解决经常遇到的卷积问题，正如之前在本书中多次看到的，卷积层越深，噪声越多。这些问题在探索深度 CNN 层进行特征提取和再现的各个部分都有所体现。

前面已经介绍了几种深度卷积问题的解决方案，主要包括批归一化、UNet、ResNet 和带有谱归一化的自注意力机制。虽然这些方案本身是成功的，但 ProGAN 将训练分解为渐进式在解决效果上更进了一步。

未经训练的 GAN 不可能生成一幅全新的人脸图像，但利用数千幅人脸图像进行数千次迭代的模型训练，这种训练形式的效率也变得越来越低。

众所周知，当模型变得太大或者太深时，网络会有几十或几百个卷积层，就会出现效率极其低下的情况。如果要训练得到可以生成高分辨率图像的模型，则必须创建这样的大模型。然而，ProGAN 并不是从一开始就构建这些模型，而是通过训练逐步构建模型的。

图 8-1 给出了 ProGAN 针对面部数据的训练过程，该过程首先将真实的训练

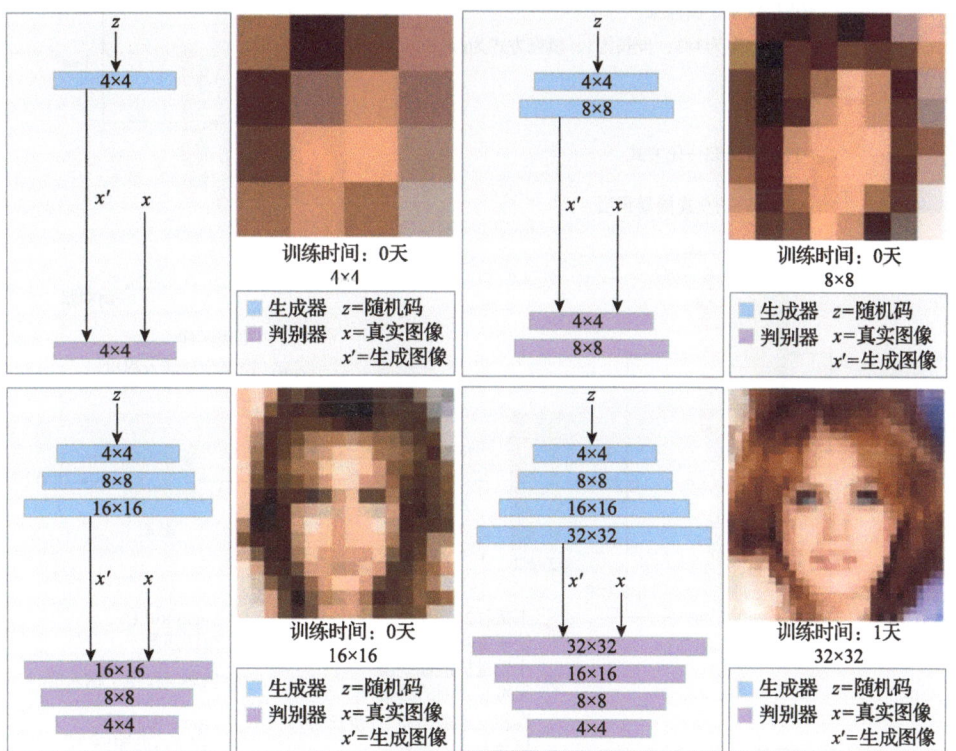

图 8-1　ProGAN 针对面部数据的训练过程

图像缩小到 4×4 像素，然后将其输入为该图像尺寸设计的 GAN。经过一段时间的训练后，GAN 通过添加新层来获得更高的分辨率，首先是 8×8 像素，然后增加到 16×16 像素、32×32 像素、64×64 像素，以此类推，直到 1024×1024 像素。

应用 ProGAN 的代价是需要额外的训练时间，从而一遍又一遍地构建连续的模型，得到的分辨率也会越来越高。此外，训练这样的模型需要额外的数据准备和存储。当使用像 Colab 这样的云文件时，这些要求并不容易满足，所以在练习中会使用更简单的示例。

图 8-2 给出了 ProGAN 生成器和判别器的内部结构，在图中可以看到用于定义 GAN 从 4×4 像素到 16×16 像素的第一个进阶的基本代码块。随着模型持续构

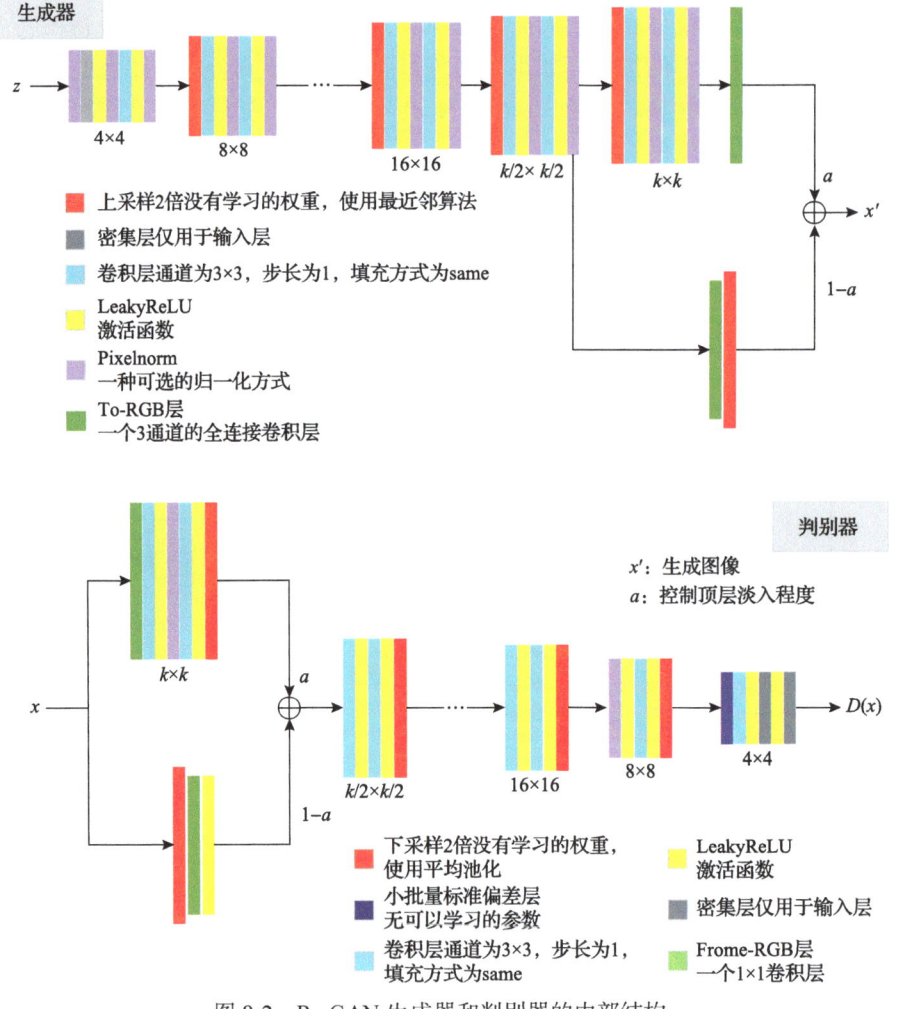

图 8-2　ProGAN 生成器和判别器的内部结构

建到任何所需的分辨率,使用所示模板形成新的块,其中 k 代表最终输出图像的分辨率。

在图 8-2 所示的生成器中,新的层类型称为 Pixelnorm,或称为像素归一化层。像素归一化类似于批归一化,其区别是将每个特征像素向量归一化为长度 1,并将其通过代码块中的卷积层传回。这种方法可以避免特征过度提取或噪声特征提取问题。

ProGAN 判别器还包含一种新的层形式,称之为小批量标准偏差(minibatch standard deviation,MSD)层,如图 8-2 所示。这种新的层形式的引入是为了给判别器增加跟踪真实和虚假批次图像之间统计数据的方法,并将这些统计数据作为训练中的额外通道。

添加 MSD 层会迫使生成器以与真实数据相匹配的方式改变其生成的样本,会使生成的输出更加多样,并减少了生成器在尝试解析特定特征时系统卡顿的可能。在之前的 GAN 训练中,可以看到非可变输出的结果。

在很好地掌握 ProGAN 工作原理的基础上,就可以在练习 8-1 中使用一个 Python 包来实现 ProGAN。由于 ProGAN 的训练成本可能很高,所以来看一个简单的训练集示例,这对入门很有帮助。

练习 8-1:使用 ProGAN。

(1) 打开 GitHub 网站上的 GEN_8_ProGAN.ipynb 文件。如果不知道如何访问源代码,请查看附录 B。

(2) 文件中的第一个代码单元需要安装 pro-gan-pth 软件包,这是专门针对 ProGAN 的开源项目,来自 https://github.com/akanimax/pro_gan_pytorch。

```
!pip install pro-gan-pth --quiet
```

(3) 本示例中的导入和其他设置代码都经过删减,将从这里显示的函数开始,介绍一些更有趣的部分。

```
def check_output():
  print("rendering output loop - started")
    folder = './samples'
    while running:
      time.sleep(15)
      file = get_latest_file(folder)
      if file:
          clear_output()
          print(file)
          visualize_output(file,10,10)
```

(4) 该函数用于在训练 ProGAN 代码时给出输出。为了在计算机中看到连续的输出,将在训练单元外部的一个单独进程中使用此函数,这样做是为了使输出可以实时呈现,并在训练时可见。

(5) 向下滚动到创建 ProGAN 的位置，通过以下方式进行训练。

```
pro_gan = pg.ConditionalProGAN(num_classes=10, depth=depth,
              latent_size=latent_size, device=device)
with io.capture_output() as captured:
  pro_gan.train(
    dataset=dataset,
    epochs=num_epochs,
    fade_in_percentage=fade_ins,
    batch_sizes=batch_sizes)
```

(6) Python 包的默认训练过程噪声相当大，在计算机中不太好用。因此，这里使用 io.capture.output() 函数关闭输出，以抑制该单元的输出。

(7) 在这里，可以通过实例化一个用于呈现工作的附加进程及一个用于训练的工作线程来查看这些代码是如何运行的。

```
t1 = threading.Thread(target=train_gan)
p = multiprocessing.Process(target=check_output)
start = time.time()
p.start()
t1.start()
t1.join()
```

(8) 同样，这段代码的存在是为了在训练过程中看到 GAN 的训练输出。GAN 是在另一个名为 t1 的线程中创建的，因此要使用 t1.start 和 t1.join 来启动并等待线程完成。同样，p 也是为运行呈现循环进程而创建的。请注意，如果终止该单元，呈现循环进程将继续，因此要停止该进程，需要从菜单中重新启动运行。

(9) 从菜单中选择运行▶全部运行(Run▶Runall)开始训练，并在 ProGAN 训练过程中查看训练结果。

在练习 8-1 中，可以看到模型从 4×4 开始逐步提高至各种更高的分辨率。该示例的最终输出效果并不理想，因为它仅向上扩展到第三代。然而，随着模型的改进和训练的进行，分辨率越来越高，效果越来越好。

8.2 基于 StyleGAN2 的样式设计

最初的 StyleGAN 是由 NVIDIA 公司的研究人员在题为"基于样式的 GAN 生成器架构"[1]的论文中发布的，该论文扩展了 ProGAN 的工作。开发这种形式的

---

[1] Karras T, Laine S, Aila T. A style-based generator architecture for generative adversarial networks[C]//2019 IEEE/CVF Conference on Computer Vision and Pattern Recognition (CVPR), 2019.

GAN 是为了扩展生成器的生成能力，尤其是独特的特征生成能力。

作者发现可以将特征提取和复制分成三个不同的类别或粒度，这反过来又映射到 GAN 本身的架构中，即在较高层或顶层代码块提取较初级的特征，在较低层的代码块识别更详细的特征。作者定义了这些特征提取的粒度，如下所示。

(1)粗粒度(小于 82 像素)：识别的细节较少，包括头发、面部方向和大小等特征。

(2)中等粒度(162～322 像素)：通常由更精细的面部特征，如闭眼和张嘴等来定义。

(3)细粒度(642 像素及以上)：关注到眼睛、头发和肤色等更细节特征。

基于这种在层级上提取特征的概念，StyleGAN 主要提供两个新的增强功能。第一个是映射网络，提供将特征向量输入映射到实际可见特征的能力。第二个是添加了将特征映射转换为可见特征的样式模块。

8.2.1 映射网络

映射网络提供将编码的向量表示转换为可见特征的非试验方法，其工作方式类似于自动编码器的编码部分，增加了识别可见特征的附加步骤。将编码映射到特征的产物称为特征纠缠。

图 8-3 给出了 StyleGAN 中的映射网络。图中详细说明了将特征映射到使用层向量的八个层的分解，最终减少到与输入量相同。在图 8-3 中，可以看到映射网络的结果 W 被输入到 ProGAN 合成网络内进行生成。

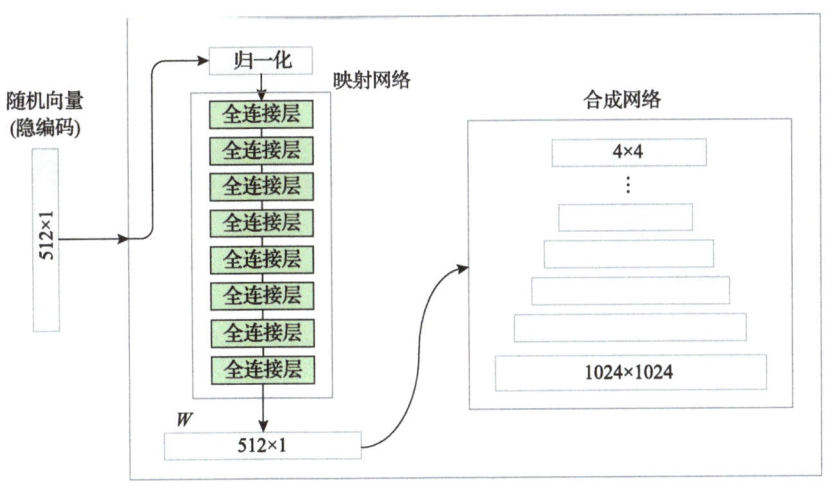

图 8-3　StyleGAN 中的映射网络

8.2.2 样式模块

样式模块也称为自适应实例归一化（adaptive instance normalization，AdaIN）模块，将映射网络的输出向量 W 代入模型的生成层，在每个上采样层和卷积层之间添加一个模块。

图 8-4 给出了带有 AdaIN 模块的 StyleGAN 架构。在某种程度上，该网络架构类似残差网络，通过允许某种形式的输入来跳过一些层。AdaIN 模块不使用完整的输入，而是将已发现的映射输出作为 W，该模块只提供输入的缩放或归一化。

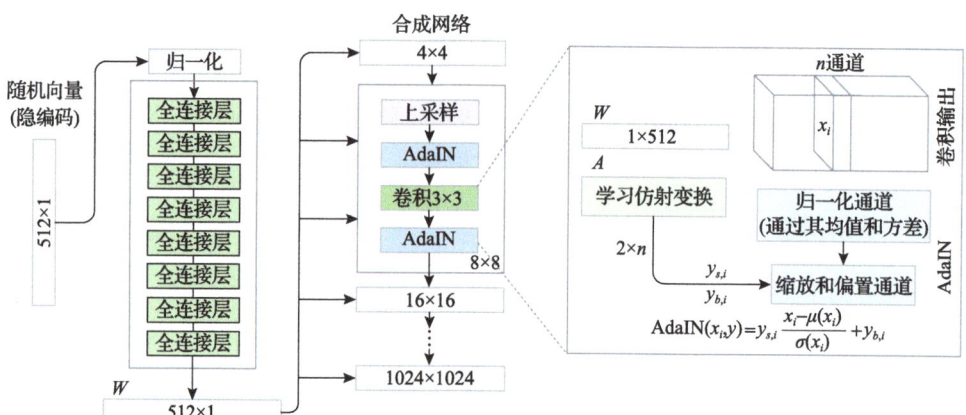

图 8-4　带有 AdaIN 模块的 StyleGAN 架构

在图 8-4 的放大图中，可以看到编码向量缩放和归一化各层输出的内部工作原理。这意味着 AdaIN 层不像残差网络是附加的，而是定义了一个应用于输出的缩放归一化的过程。

通过在各个层之间移动和缩放输出，AdaIN 模块有助于提高每个卷积层中相关滤波器（过滤器）的重要性，从而允许生成器更好地理解哪些特征相对而言更加相关。将 AdaIN 视为内部强化循环可以帮助理解其原理，映射层在理解更多相关特征的基础上学习如何对 W 向量进行编码。

1. 消除随机输入

由于映射网络仅依赖减少编码的随机输入，所以 StyleGAN 放弃对随机性的需求，相反，使用常量输入作为传入的初始向量。通过最小化或控制进入生成器的随机输入，大大减少了特征纠缠的问题。

当不同的特征不经意间被映射到一起时，就会出现特征纠缠的问题，如头发的位置。在之前的训练中，可能已经多次出现这种情况，例如，作为特征的发丝可能出现在面部而不是头顶。

2. 随机变化(噪声输入)

消除随机输入后,有必要在模型中添加某种形式的随机变化。如果没有随机变化,模型会存在局限性,而没有变通余地。噪声的添加允许模型保持更多的通用性。研究发现,在输入 AdaIN 层之前,可以向每个通道添加随机噪声来使模型产生变化。

在每个样式块中添加随机噪声的好处是可以控制模型生成更精细的信息,从而允许随机生成更精细的特征,如雀斑、面部毛发、皱纹和酒窝等。如果没有随机噪声,那么细节信息会被更细粒度的特征掩盖。

3. 混合样式

使用中间编码向量 W 作为 AdaIN 模块的直接输入还有一个缺点,即模型特征之间存在过于紧密的相关性。为了打破这种相关性,选择两组向量输入并映射网络,然后每个输出以 50%的概率随机传递到每个 AdaIN 代码块。

虽然这种混合样式不会使得在 StyleGAN 上使用的所有形式的训练数据受益,但它确实对 CelebA 这样的同质数据集有好处。研究发现,混合样式可以将第一幅生成图像的特征与第二幅生成图像的特征相结合,以生成第三幅新的组合图像。

YouTube 上有段很好的视频,提供了通过组合图像特征产生新的独特组合图像的极佳视觉效果,视频网址为:https://youtu.be/kSLJriaOumA。

4. 编码向量 W 的截断

正如前面所看到的,真实数据中代表性差的区域并不容易生成,例如,在 CelebA 数据集中,只有小部分人脸图像是秃顶的。在以前的生成器中,样本的代表性很差,导致秃顶人脸的生成效果很差。

为了适应训练中的常见缺陷,本章实现了编码向量 W 的平均化。W 的连续平均值保持为 W_{avg},然后编码向量 W 被转化为平均值的差值。

上述过程的基本思路是:通过参数修改图像达到最佳的均衡效果后,再返回继续修改完善,在此过程中还提供了额外的特征控制。反过来,也允许通过改变参数来控制模型,这与在均值和方差之间的映射中使用 VAE 的原理相同。

5. 超参数调优

StyleGAN 花费了数小时来调整和优化模型的超参数。与之前的 ProGAN 相比,StyleGAN 进行了重大改进,优化了学习率、训练周期等超参数。因此,下面即将讨论的 StyleGAN 和 StyleGAN2 在人脸生成方面将会产生令人难以置信的输出效果。如果在自制数据集上使用该模型,也需要花时间对各种超参数进行修改。

8.2.3 弗雷歇初始距离

生成模型的输出值是在弗雷歇初始距离(Frechet inception distance，FID)尺度上度量的。通过比较预训练图像分类网络在真实图像和输出图像上的激活函数值，可以测量得到这个距离。FID值越小，生成模型的输出质量越好。

表 8-1 和表 8-2 分别给出基于 ProGAN 的 StyleGAN 和 StyleGAN2 的 FID 比较。CelebA-HQ 代表面部数据集，FFHQ(Flikr-FacesHQ)是另一个用于训练生成器的面部数据集。基于 ProGAN 模型的 FID 值为 7~8，而基于 StyleGAN2 模型的 FID 值则降低到 3 以下。

表 8-1　StyleGAN FID 值

方法	不同面部数据集下的 FID 值	
	CelebA-HQ	FFHQ
A 基线 ProGAN[①]	7.79	8.04
B+调整(包括双线性上升/下降)	6.11	5.25
C+添加映射和风格	5.34	4.85
D+移除传统输入	5.07	4.88
E+添加噪声输入	**5.06**	4.42
F+混合正则化	5.17	**4.40**

表中加粗数据表示最优输出值(下同)。

表 8-2　StyleGAN2 输出值评价

配置	FFHQ(1024×1024 像素)			
	FID	路径长度	精度	查全率
A 基线 StyleGAN[②]	4.40	195.9	**0.721**	0.399
B+权重解调	4.39	173.8	0.702	0.425
C+惰性正则化	4.38	167.2	0.719	0.427
D+路径长度正则化	4.34	139.2	0.715	0.418
E+无增长，新的 G&D arch	3.31	**116.7**	0.705	0.449
F+大型网络	**2.84**	129.4	0.689	**0.492**

表中，新的 G&D arch 表示在基线 StyleGAN 基础上不再使用渐进式增长的策略，而是在生成器(G)和判别器(D)中采用新的结构(architecture，简称 arch)。

[①] Karras T, Laine S, Aila T. A style-based generator architecture for generative adversarial networks[C]//2019 IEEE/CVF Conference on Computer Vision and Pattern Recognition (CVPR), 2019.

[②] Karras T, Laine S, Aittala M, et al. Analyzing and improving the image quality of StyleGAN[C]//2020 IEEE/CVF Conference on Computer Vision and Pattern Recognition (CVPR), 2020.

StyleGAN2 明显改善了图像生成的效果，想要继续研究 StyleGAN2 在其他图像中的处理效果，请访问 www.whichfaceisreal.com。

由于涵盖所有功能的代码量非常庞大，受篇幅所限，本书不再详细研究 StyleGAN，但现在要朝着面部生成的更高标准前进，该标准目前由 StyleGAN2 设定，具体内容将在 8.2.4 节中详细介绍。

8.2.4 StyleGAN2

StyleGAN2 在 ProGAN 的基础上，进一步将 FID 值从 4.40 降低到 2.84，并生成了一些非常逼真的人脸。在深入介绍 StyleGAN2 之前，回顾相对于表 8-1 和表 8-2 中的 FID 值增加的每一个特征组。

1. 权重解调

AdaIN 层是从神经风格迁移这个早期概念衍生出来的，在神经风格迁移中，样式可以被捕获和迁移。然而，StyleGAN2 的作者发现，水滴或污迹等视觉伪造图像可以通过样式的强化在图像中传播。同时，AdaIN 层可以移到卷积层内部，不用作为直接输入，而作为归一化处理。对卷积层本身进行样式归一化处理的优点是实现了计算的并行化，从而使模型的训练速度提高了 40%，并进一步消除了水滴或污迹等视觉伪造图像。

2. 路径长度正则化

路径长度正则化为损失引入了新的归一化项，可以更好地平滑或统一隐藏空间。本书多次强调了生成模型中规范化或统一隐藏空间的重要性，这是理解如何生成一致输出结果的关键概念。统一隐藏空间使得图像更容易映射到已知投影的空间中，这使得图像的生成更受控制，而且使得图像可投影回到隐藏空间编码中。理解从隐藏空间到生成图像的关系，可以允许跨越隐藏空间的路径来生成图像。这些应用已经成功展示出使用 StyleGAN2 进行跨样式和特征进行动画创作的能力。

3. 延迟正则化

应用路径长度正则化可能计算成本很高，并且不一定能在每一次的训练迭代中获得改进。因此，在 StyleGAN2 中，每 n 次迭代才进行一次路径长度正则化，其中 n 通常设置为 16，也可以根据任务需求进行调整。

4. 无增长

ProGAN 成功构建了从 4×4 像素到 1024×1024 像素的大规模图像。然而，ProGAN 通常会对某些特征(如鼻子、眼睛和嘴巴)有强烈的位置偏好。为了解决这些问题，同时允许生成器模型逐步增长，建议参考《生成对抗网络的多尺度梯度》[①]，该论文介绍了使用单一架构实现多尺度梯度的思想。

图 8-5 给出了多尺度梯度生成对抗网络（multiple scale gradient GAN, MSG-GAN）的架构，该模型架构以 ProGAN 进程为基础，逐步构建生成模型，最终输出结果。

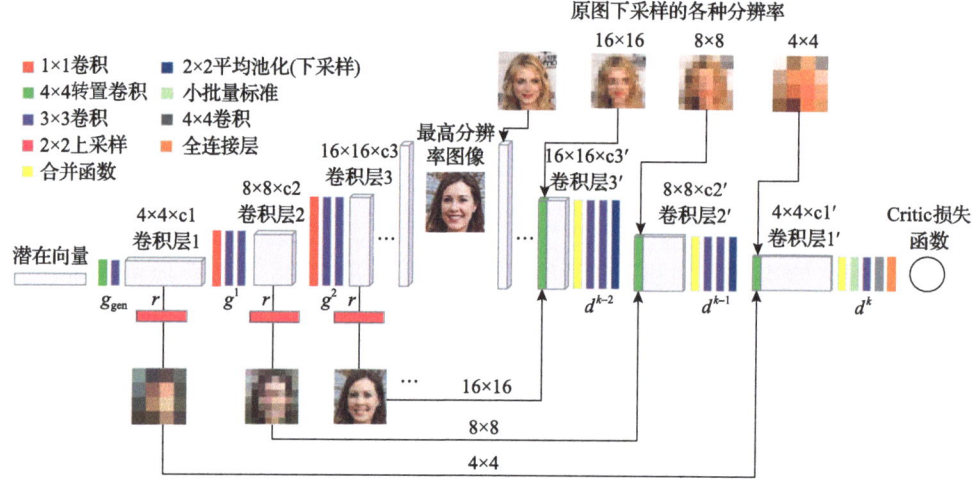

图 8-5　MSG-GAN 架构

StyleGAN 采用渐进式模型，通过类似 ResNet 的结构实现输入输出跳转。图 8-6 给出了 MSG-GAN、输入输出跳转和 ResNet 的架构差异。

StyleGAN2 中使用的跳跃式架构可以执行与 ProGAN 相同的特征粒度渐进式增长，从而使模型能够更多地关注更大尺度的增长（1024×1024，而不是常规的渐进式增长）。当使用大型网络进行扩展时，这种增强会被进一步放大。

5. 大型网络

通过对 ResNet 的探索研究，可以看到能够将具有 10 层或更少卷积层的典型浅层模型增加到具有 100 层以上的生成器，这一切都是通过跳转连接方法实现的。与 ResNet 不同的是，StyleGAN2 也可以适应输入输出跳转模式，并从特别大的网络中获益。

图 8-7 给出 StyleGAN 和 StyleGAN2 中比较特征对各自输出的贡献。图中，StyleGAN 使用基本的渐进式增长架构，而 StyleGAN2 使用多尺度梯度（multi-scale

---

① Karnewar A, Wang O. MSG-GAN: Multi-scale gradients for generative adversarial networks[C]//2020 IEEE/CVF Conference on Computer Vision and Pattern Recognition (CVPR), 2020.

gradient，MSG)输入输出跳转，允许模型更多地关注细节，如在更高级别(1024×1024)上生成的内容。x 轴表示进展水平，y 轴表示生成首选像素输出时的准确度。

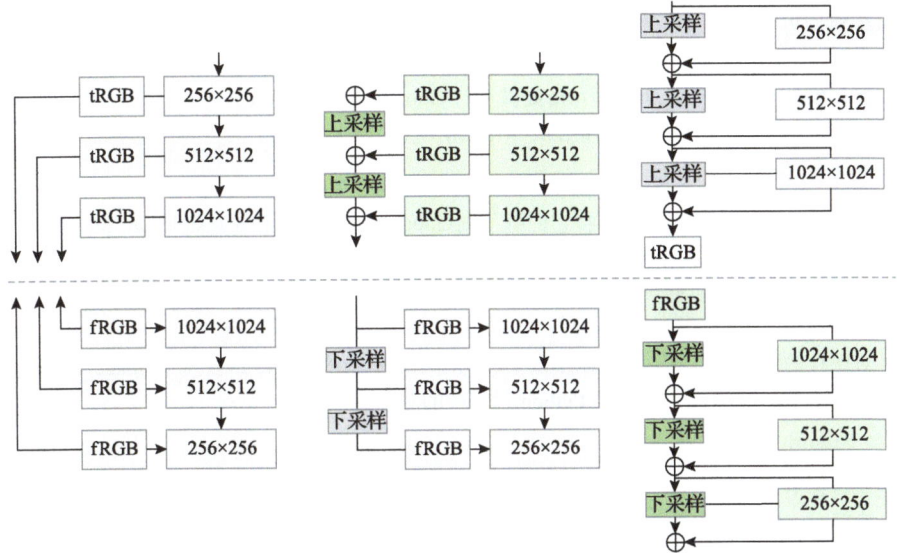

图 8-6 MSG-GAN、输入输出跳转和 ResNet 的架构差异

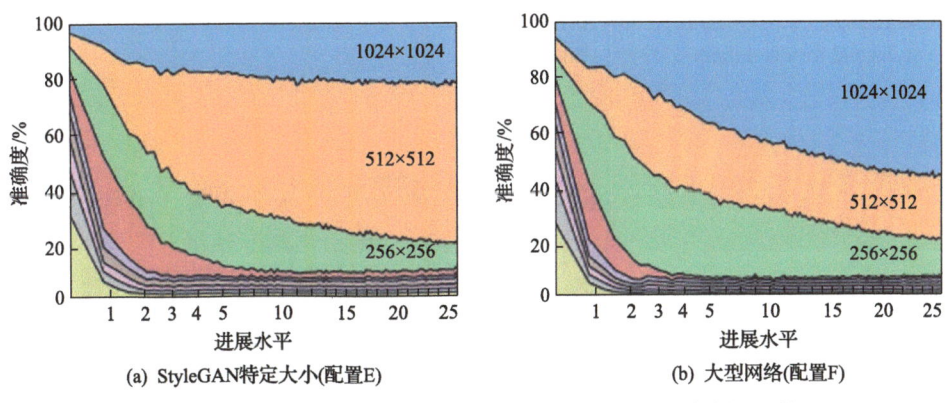

图 8-7 StyleGAN 和 StyleGAN2 中比较特征对各自输出的贡献

通过构建大型网络，模型生成器可以将更多重点放在更高层开发的特征上。如图 8-7 所示，与普通的 StyleGAN 相比，1024×1024 的特征在大型网络中更受关注。

了解 StyleGAN 和 StyleGAN2 的所有功能之后，就可以继续使用已经建立的程序包来训练网络模型。在练习 8-2 中，将在 CelabA 数据集上训练 PyTorch 版本的 StyleGAN2。

练习 8-2：训练 StyleGAN2。

(1) 打开 GitHub 网站上的 GEN_8_StyleGAN2.ipynb 文件。如果不知道如何访问源代码，请查看附录 B。
(2) 这个模型可能需要大量的时间来训练，但结果是好的，生成的模型也值得保留。考虑到这一点，对于代码文件，要使用附录 C 中讨论的功能，这些功能允许连接到 GoogleDrive 并永久保存模型。计算机顶部的单元格提供了与 GoogleDrive 的连接。
(3) 为 StyleGAN2 安装 PyPi 包 stylegan2_pytorch，代码如下。

```
!pip install stylegan2_pytorch --quiet
```

(4) 下载 CelebA 数据集的图像，并将它们解压到 GoogleDrive 上一个名为 stylegan2 的文件夹中。
(5) 现在 CelebA 数据集保存在 GoogleDrive 中。这意味着，此代码文件的连续运行可以直接引用保存的文件夹，无须重新下载数据。附录 C 中介绍了保存、加载数据和模型到 GoogleDrive 的详细信息。
(6) 针对保存的图像文件夹，可以使用以下代码简单地运行模型。注意在变量 image_folder 前使用了 $，即在 Shell 脚本中替换 Python 代码中的对应变量。

```
!stylegan2_pytorch --data $image_folder
```

(7) 当运行最后一个单元时，模型将被设置并开始从保存的图像文件夹中摄取真实图像。当运行代码时，输出会保存到 GoogleDrive 中 stylegan2 文件夹下名为 results 的子文件夹中。随着生成的输出，当前训练点的模型也被保存到另一个名为 models 的文件夹中。有关如何加载/保存模型的信息，请参考附录 C。
(8) 通过左侧的文件夹图标打开 files 文件夹，可以随时查看生成的输出。然后进入 gdrive/MyDrive/stylegan2/results/default 文件夹，如图 8-8 所示。

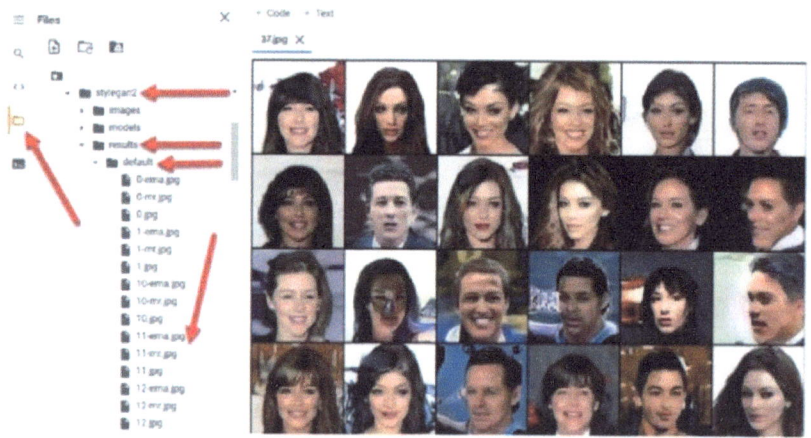

图 8-8　在训练时检查生成的输出

在图 8-8 中，可以看到训练进程达到 10% 时的结果。请将该结果与之前的示例进行对比，可以看出面部生成效果的关键差异。一些图像中仍然存在令人不适的视觉伪造图像，但总体而言，图像和面部的细节都非常精致。

StyleGAN 和 StyleGAN2 采用了整体生成模型并添加了几个特征，以提供出色的图像特征提取，以至人类也很难辨别真假。第 10 章将介绍检测虚假图像和深度伪造的方法。

练习 8-2 还可以应用到另外两个数据集中，即 cars_all 和 foods。cars_all 数据集是 6 万张新车型的照片，从外部和内部的不同角度进行拍摄。foods 数据集包含 8 万张用盘子、碗或其他容器装的各种美食的照片。图 8-9 给出了 StyleGAN2 在 cars_all 和 foods 数据集上训练达到 100%的输出，这在 Colab 上需要 2～3 天的时间，并且可能需要多次重启。

(a) cars_all数据集

(b) foods数据集

图 8-9　StyleGAN2 在 cars_all 和 foods 数据集上训练达到 100%的输出

StyleGAN2 在 CelebA 数据集上完成的实验，可以与之前的 GAN 实验进行比较。将 StyleGAN2 应用于其他数据集会产生非常有趣的结果，包括假的动画和卡通人物，以及人物年龄的变化等。stylegan2_pytorch 包是任何未来工作的良好基础。

8.3　DeOldify 和新型 NoGAN

生成式建模正在迅速发展，入门要求也随之提高。许多人可能认为创建新的更好的生成器是科研人员的事情。事实上并非如此，在研究机构之外，每天都有新的进展。

Antic 是一名程序员，他参加了 Fast.ai 的一门高级人工智能课程。学习完该课程后，Antic 对人工智能非常着迷，他压缩了工作时间，并将其他所有时间都投入创建新的生成器中。Antic 创建了一种名为 DeOldify 的著名 GAN，能够着色和增强旧照片。

DeOldify 的第一个版本是基于渐进式自注意力 GAN 开发的，包含艺术模式和正常模式等多种着色选项。DeOldify 很快广受欢迎，许多人注意到了一名普通程序员可以在很短时间内完成大量工作。Antic 后来全职从事该项目，并与他在 Fast.ai 工作的导师开展合作。

Antic 通过在 DeOldify 上使用经典 GAN 模型，逐渐发现常规训练存在缺陷。DeOldify 在大部分训练中分别训练生成器和判别器，然后在模型开发的后期再将两者结合，这样可以获得更好的结果。

实际的工作过程是，首先训练生成器以创建图像，并使用特征损失进行训练。在生成器达到所需的最小特征损失后，将生成的图像作为二元（即真假）分类器的数据集，再针对判别器进行训练。最后，当二者得到充分训练时，使用经典的 GAN 训练方法将两个模型进行组合。

大部分训练是单独进行的，因此这种新形式的 GAN 被命名为 NoGAN。在训练中的某个时间，在大量输出和扭曲的特征输出之间有一个拐点。为了找到这个拐点，需要严格测试多个模型变量和训练点。通过观察这个拐点并确定模型达到最佳状态的时间，可以返回并重新训练相反的模型。在练习 8-3 中，将使用 DeOldify 打包模型对一些历史性黑白图像进行着色。

练习 8-3：使用 DeOldify 为图像着色。

(1) 打开 GitHub 网站上的 GEN_8_DeOldify_Image.ipynb 文件。如果不知道如何访问源代码，请查看附录 B。

(2) 在使用 DeOldify 之前，需要先下载、安装和重启代码文件。这意味，需要单独运行每个顶层单元，直到完成 DeOldify 所需的安装，如下所示。

```
!pip install -r colab_requirements.txt
```

(3) 由于直接从 GitHub 存储库中提取 DeOldify，所以需要安装该数据包的各种依赖库。在安装完最后一段代码块的要求后，需要重置代码文件的运行时间。从菜单中选择运行时间➤重启运行时间（Runtime➤Restartruntime）。

(4) 安装完 DeOldify 后，就可以转到熟悉的代码块下载在本书中使用的测试/训练图像，具体内容不再赘述。在此示例中，使用的是历史性黑白图像，也可以使用其他图像。

(5) 目前正在使用带有 Python 代码的 DeOldify，并导入各种所需的库。请注意 fastai 导入的使用，因为这是用于该包的主库。

```
import fastai
from deoldify.visualize import *
import warnings
warnings.filterwarnings("ignore", category=UserWarning,
message=".*?Your .*? set is empty.*?")
```

(6) 向下跳转，看看下载预训练模型和水印的位置。水印用于表示图像是由人工智能生成的。

```
!mkdir 'models'
!wget https://data.deepai.org/deoldify/ColorizeArtistic_gen.pth -O ./models/ColorizeArtistic_gen.pth
!wget https://media.githubusercontent.com/media/jantic/DeOldify/master/resource_images/watermark.png -O ./resource_images/watermark.png
```

(7) 可以只用一行代码从包中实例化一个着色器，如下所示。

```
colorizer = get_image_colorizer(artistic=True)
```

(8) 创建着色器后，就可以继续在 Colab 表单中使用它，代码如下。

```
#@title COLORIZE IMAGES {run: "auto"}
import glob
from PIL import Image
import ipywidgets as widgets
from IPython.display import display
from IPython.display import clear_output
files = sorted(glob.glob("%s/*.jpg" % image_folder))
file_idx = 27 #@param {type:"slider", min:0, max:35, step:1}
show_image_in_notebook(files[file_idx])
image = colorizer.plot_transformed_image(files[file_idx])
show_image_in_notebook(image)
```

(9) 使用该表单可以浏览各种图像，并查看每个图像的着色效果。图 8-10 显示了原始图像和 DeOldify 彩色图像的输出。

在黑白印刷的纸质版图书中，无法看到着色的全部效果。需要运行代码文件进行练习才能快速查看为图像着色的全部功能。

请注意，在图像的左下角有一个水印。在图 8-10 中，新水印被先前的水印遮盖。在其他图像上能够清楚看到的艺术调色板水印是用来表示该图像是由人工智能生成的。越来越多的人工智能开发和研究人员达成共识，所有生成的内容都应该带有这种水印。

DeOldify 不仅可以为图像着色，还可以为视频着色。对视频进行着色的特定模型版本称为"simple video"，能对视频本身进行一些改进。虽然视频模型基于 SAGAN/NoGAN 进行训练，但它通过跨帧优化来防止出现视频的闪烁。在练习 8-4 中，会设置 DeOldify 视频模型来处理想要着色的旧电影。对视频进行着色，可以看到视频帧是如何在输出中进行插值的，具体请参见练习 8-4。

图 8-10　着色和增强图像

练习 8-4：使用 DeOldify 为视频着色。

(1) 打开 GitHub 网站上的 GEN_8_DeOldify_Video.ipynb 文件。如果不知道如何访问源代码，请查看附录 B。

(2) 在使用 DeOldify 之前，需要先下载、安装和重启这个代码文件。这意味着需要在安装 requirements.txt 文件后重新启动代码文件的运行时间，如以下代码块所示。

```
!pip install -r colab_requirements.txt
```

(3) 可以通过选择运行时间➤重启运行时间(Runtime➤Restartruntime)，从菜单中重启运行时间。请注意，运行时间重启不同于计算机的出厂重置。通常仅在希望重置所有内容(包括文件和安装)时才使用出厂重置。

(4) 接下来的几个代码块都与之前的练习和其他示例一样。注意观察这次是如何为旧电影的黑白视频数据集加载 video-bw 的。其中一些片段来自默片时代电影，还可能有音频。DeOldify 从文件中剥离音频，并在着色后替换，从而允许对有声电影进行着色。

(5) 可以用下面的代码块创建视频着色程序。

```
colorizer = get_video_colorizer()
```

(6) 关键区别在于调用辅助函数来创建视频着色程序。

(7) 从这里可以向下移动到最后一个代码块，看看如何在 Colab 表单中再次设置着色程序，以便于使用。

```
#@title IMAGE SELECTION { run: "auto" }
import glob
import ipywidgets as widgets
from IPython.display import display
```

```
from IPython.display import clear_output
files = sorted(glob.glob("%s/*.mp4" % video_folder))
file_idx = 4 #@param {type:"slider", min:0, max:12, step:1}
show_video_in_notebook(files[file_idx])
video = colorizer.colorize_from_file_name(files[file_idx])
show_video_in_notebook(video)
```

(8) 同样，在所有先前的代码单元运行后，可以使用 Colab 表单滚动浏览视频集合，并将输出可视化。

(9) 欢迎使用您自己选择的旧视频，并用 DeOldify 对其进行着色/增强。

图 8-11 给出了着色视频的输出帧示例。在样本帧中，可以看到一些伪造图像，其中女士的衣服和马腿没有被正确着色。当皮肤出现这种类似的变色时，这些缺陷被命名为"僵尸皮肤"（zombie skin）。

图 8-11　着色视频的输出帧示例

"僵尸皮肤"通常是指由特征提取不佳而导致的灰色或颜色不正确的皮肤。在图 8-11 中，可以观察到马腿上出现了僵尸皮肤效应，它看起来是灰色的。对于视频，"僵尸皮肤"效应更加明显，因为场景照明可能会迅速变化，并导致这些不同的伪造图像。同样，可视化结果的最佳方法是运行代码文件并滚动浏览各种示例视频。

DeOldify 是一个很好的示例，说明了生成式建模如何为外部研究机构所接受。DeOldify 展示了一名思维敏锐的程序员可以以自己扩展模型，并产生令人满意的结果。当然还可以期待未来有更多类似 DeOldify 的项目，如 8.4 节要介绍的 ArtLine。

8.4　基于 ArtLine 的艺术表现

ArtLine 可以将照片转换为线条艺术图，或者将其转换为卡通版本。该项目沿用了在构建 DeOldify 时使用的许多创新点，这两个项目都是基于 Fast.ai 团队所开发的多种改进和实用的程序。

从技术上讲，ArtLine 与 DeOldify 非常类似，都是基于 SAGAN 的，并且可以逐步调整大小以达到所需的分辨率。ArtLine 同样被训练为 NoGAN，其中初始生成器特征损失由预训练的 VGG 模型确定。然而，与 DeOldify 不同的是，ArtLine 不使用判别器来微调特征提取，因此从未被训练成 GAN 模型。

ArtLine 的生成结果适用于肖像和面部图像，但不太适用于其他类型图像。观察这种形式的 NoGAN 作用于各种图像上的结果也会很有趣，具体表现将在练习 8-5 中呈现，这里再次使用直接从存储库中提取的项目源代码，并在计算机中运行。

练习 8-5：使用 ArtLine 获得艺术感。

(1) 打开 GitHub 网站上的 GEN_8_ArtLine.ipynb 文件。如果不知道如何访问源代码，请查看附录 B。
(2) 在使用 ArtLine 实现艺术性之前，需要先下载、安装和重启该代码文件。因此，在安装 requirements.txt 文件后，可能需要重新启动运行时间，如以下代码块所示。

```
!pip install -r colab_requirements.txt
```

(3) 如果在计算机中遇到错误，请确保已经通过从菜单中选择运行时间➤重启运行时间(Runtime➤Restartruntime)来重新启动运行时间。
(4) 该代码文件的导入模块安装了各种组件。与 DeOldify 不同的是，该项目对描述类中的特征损失有一些要求。
(5) 向下滚动到 FeatureLoss 类，看看模型如何确定特征之间的损失。ArtLine 模型使用此类来评估模型本身的特征训练。

```
class FeatureLoss(nn.Module):
    def __init__(self, m_feat, layer_ids, layer_wgts):
        super().__init__()
        self.m_feat = m_feat
        self.loss_features = [self.m_feat[i] for i in layer_ids]
        self.hooks = hook_outputs(self.loss_features, detach=False)
        self.wgts = layer_wgts
        self.metric_names = ['pixel',] + [f'feat_{i}' for i in
                             range(len(layer_ids))] + [f'gram_{i}' for i
                             in range(len(layer_ids))]
    def make_features(self, x, clone=False):
        self.m_feat(x)
        return [(o.clone() if clone else o) for o in self.hooks.
                 stored]
```

```
def forward(self, input, target):
    out_feat = self.make_features(target, clone=True)
    in_feat = self.make_features(input)
    self.feat_losses = [base_loss(input,target)]
    self.feat_losses += [base_loss(f_in, f_out)*w
                        for f_in, f_out, w in zip(in_feat, out_
                        feat, self.wgts)]
    self.feat_losses += [base_loss(gram_matrix(f_in), gram_
    matrix(f_out))*w**2 * 5e3
                        for f_in, f_out, w in zip(in_feat, out_
                        feat, self.wgts)]
    self.metrics = dict(zip(self.metric_names, self.feat_losses))
    return sum(self.feat_losses)
def __del__(self): self.hooks.remove()
```

(6) 在这个类中，可以调整一个超参数，将特征损失缩放回模型中。该常量显示为 $5e^3$，可以更改此值以确定其对最终输出的影响。

(7) 下面观察如何使用以下代码下载预训练的 ArtLine 模型。

```
MODEL_URL = "https://www.dropbox.com/s/starqc9qd2e1lg1/ArtLine_650.pkl?dl=1"
urllib.request.urlretrieve(MODEL_URL, "ArtLine_650.pkl")
path = Path(".")
learn=load_learner(path, 'ArtLine_650.pkl')
```

(8) 为了使用该模型，再次设置了一个表单，允许滚动浏览各种图像。在本示例中，有两个数据集，一个是在之前的练习中使用的 historical-bw 数据集，另一个是有趣图像的新数据集。

```
#@title ARTLINE IMAGES { run: "auto" }
import glob
files = sorted(glob.glob("%s/*.jpg" % image_folder))
file_idx = 7 #@param {type:"slider", min:0, max:25, step:1}
img = PIL.Image.open(files[file_idx]).convert("RGB")
img_t = T.ToTensor()(img)
img_fast = Image(img_t)
show_image(img_fast, figsize=(8,8), interpolation='nearest');
p,img_hr,b = learn.predict(img_fast)
Image(img_hr).show(figsize=(8,8))
```

(9) 运行代码将产生如图 8-12 所示的输出，这是用 DeOldify 着色的同一张旧照片。如果运行这两个数据集中的其他各种照片，可能会注意到历史集中对比度较高的图片着色效果更好。

图 8-12　ArtLine 的示例输出

ArtLine 模型还有另一个变化版，可将图像转换为彩色卡通图像。这个变化版模型的效果很好，可以采用与之前练习类似的方式进行设置。ArtLine 和 DeOldify 等项目是开发人员发起的一项倡议，为各种应用程序开发生成式建模，从创作艺术作品到着色和增强旧照片。这些项目如何成熟并影响各个社区还有待观察，但很可能会让许多开发人员效仿。

8.5　本章小结

生成式建模已经超越了经典的 GAN 架构，并发展出众多的变化版，如渐进式架构的模型，还有根本不使用 GAN 训练的模型，这些全新的应用程序开发领域将来如何发展还有待观察。

但有一点是肯定的，即多种功能强大的 GAN 和效果较好的生成器会变得更容易获得。在未来，这肯定会对很多行业产生影响。在生成式建模推广应用方面，需要克服的主要障碍是多源领域数据。作为生成式建模人员，了解如何使用这项技术也很重要。第 9 章会将生成式建模学习成果应用到深度伪造中。

第 9 章　深度伪造和换脸

在生成式建模的众多应用中，可能没有比创建假脸或应用该技术来交换人脸更具有争议性的应用了。创建假脸或交换人脸的技术称为深度伪造（deepfakes），这也是生成虚假新闻和各种形式阴谋论观点的技术基础。许多人出于对深度伪造的不理解和恐慌心理，认为深度伪造技术没有任何价值且非常不道德，同时也对生成式建模产生了很不好的影响。

深度伪造已被用于制作各种表情包和 YouTube 视频，这些视频中名人扮演着重要角色，他们的脸常被换掉以达到幽默目的。在国外深度伪造还被用来戏弄政治人物，例如，将政治人物的头像植入到各种喜剧角色上，甚至替换到示威游行中。

当然，深度伪造还有更加黑暗的一面，各种色情图片和视频中的无名女性人物被换成了名人的脸。名人的脸是在未经同意的情况下使用的，而且被用于极其有损名誉的情境中，这是深度伪造迄今最不道德的具体应用。

然而不能忽视的是，深度伪造的力量已经渗透到电影领域。深度伪造可以提供全新的视觉效果，年长或年轻的明星可以通过深度伪造或更普遍的生成模型来修改他们的外貌造型。目前，深度伪造技术最常见的应用是脸部老年化或年轻化，已经在许多电影中得到使用。

深度伪造技术如何被使用或者滥用还有待观察，但确定的是生成式建模技术将对未来的生活产生巨大的影响。例如，在媒体中调换人脸或其他形式的内容可能是很常见的。想象一下，你可以因为喜欢某一位演员而把电影中的明星替换掉，甚至能够改变整个电影的风格。正如在本书中学到的，只要有足够的数据和耐心，交换或者生成任何内容都是可能的。

了解深度伪造的知识和方法能够使读者将前面所学内容进一步理论化，或者构建其他形式的内容，还能以道德和友好的方式为读者提供推广生成建模技术的工具。

本章将探讨换脸的应用以及如何将其应用于照片、视频和个人网络摄像头上，还将研究可用于执行换脸的工具，并展示制作深度伪造视频的完整工作流程。然后继续训练换脸模型，使用该模型转换不同的主题，从而伪造视频中的人脸。最后将整个过程整合，构建简短的个性化深度伪造剪辑视频。

与前几章内容不同，本章不会在所有练习中严格使用 GoogleColab。相反，将使用一些专为桌面设计的图形用户界面（graphical user interface，GUI）工具，这不仅会让读者更容易理解换脸的工作流程，还会提供更好的长期工作环境。虽然在本章中使用的软件包支持在 Colab 上运行，但 Google 将来可能会因为技术滥用而阻止这些类型的应用程序自由运行。

换脸提供了许多滥用的机会，而演示如何构建深度伪造的目的是帮助读者在未来合法合规地使用该技术。目前，许多应用程序和操作系统将面部识别作为身份识别形式，而换脸增加了潜在的安全风险。

9.1 换脸工具介绍

深度伪造和换脸最早起源于 20 世纪 90 年代，当时数字视频处理技术使其成为可能。从那时起，深度伪造和换脸技术就在学术界、影视界等领域，以及在近些年因商业化和开源而兴起的业余社区中蓬勃发展。

目前，有各种各样的技术和应用程序可以实现换脸，如使用过滤器和其他以艺术驱动技术的全数字视频软件以及应用深度学习的生成式建模软件。为了达到学习目标，本书将坚持在某些方面使用或应用深度学习的社区项目和工具。

下面列出了可以实现换脸和制作深度伪造的主要工具，这个列表并不全面，而且在未来几年可能会持续增加。目前，这些工具代表了主流的深度伪造技术，读者也可以使用其他方法。

（1）DeepFakeLab（https://github.com/iperov/DeepFaceLab）。

DeepFakeLab 被宣传为顶级的换脸和深度伪造工具，90%的内容开发者都使用过这个工具。该工具有 GUI 和命令行版本，可为管理换脸工作流程提供相当多的选择。因此，DeepFakeLab 已经成为最受欢迎的换脸和深度伪造工具，有几个在线视频演示了其使用流程。DeepFakeLab 基于 TensorFlow 开发，其基础技术是使用各种 CNN 自动编码器进行换脸/映射。

（2）Faceswap（https://github.com/deepfakes/faceswap#overview）。

Faceswap 相对不太常用，其包含用于执行换脸工作流程的 GUI 和命令行版本。它提供了大量的选项和插件来控制工作流程，但不像 DeepFakeLab 那样复杂。使这个工具脱颖而出的是 GUI 版本的易用性，包括安装以及其使用过程中的道德提醒。因此，本章将选择 Faceswap 作为演示工具。Faceswap 是基于 TensorFlow 开发的，其基础技术是用于脸对脸转换的各种形式的 CNN 自动编码器模型。

（3）Faceswap-GAN（https://github.com/shaoanlu/faceswap-GAN）。

Faceswap-GAN 是一个开发较早、维护较少的工具，是使用 GAN 结合 CNN 自动编码器进行换脸的一个很好的示范，类似于前面提到的比较流行的工具。

(4) CelebAMaskHQ (https://github.com/switchablenorms/CelebAMask-HQ)。

CelebAMaskHQ 是基于 MaskGAN，与 CycleGAN 一样可以提供编辑和提取面部特征的模型。屏蔽和编辑功能只是换脸工作流程的一部分，因此该工具不能执行完整的换脸工作流程，但可以用来辅助其他工具。

(5) StarGAN2 (https://github.com/clovaai/stargan-v2)。

StarGAN2 是由 StarGAN 扩展而来的模型，可以用来改变或交换面部以匹配各种学习到的属性。该工具可以用来进行全脸交换或仅交换属性，类似于在第 6 章中使用的 StarGAN1。

(6) FSGAN (https://github.com/YuvalNirkin/fsgan)。

FSGAN 被描述为与主题无关的换脸和重演工具，也是少数几个用 PyTorch 开发的工具之一，该工具还有一个 GoogleColab 版本。FSGAN 可以进行相当不错的换脸，但需要对换脸过程有敏锐的认识。对于希望提升换脸技能的读者，FSGAN 是一个优秀的高级工具。

需要注意的是，用于执行换脸的两个主要应用 (DeepFakeLab 和 Faceswap)，都使用了 CNN 自动编码器的一些底层技术方法。正如在前面章节中所学到的，自动编码器可以产生有效的结果，并且可以相对快速地进行训练，需要调整的超参数也更少，使得它们总体上很适合业余用户使用。

图 9-1 给出 Faceswap 编码器-双解码器架构，可以用于训练和实际转换。在 Faceswap 工具中，可以看到模型编码器获取两幅标有人脸 A 和 B 的输入图像。人脸 A 代表想换掉的目标人脸，而人脸 B 是用来替换的人脸。

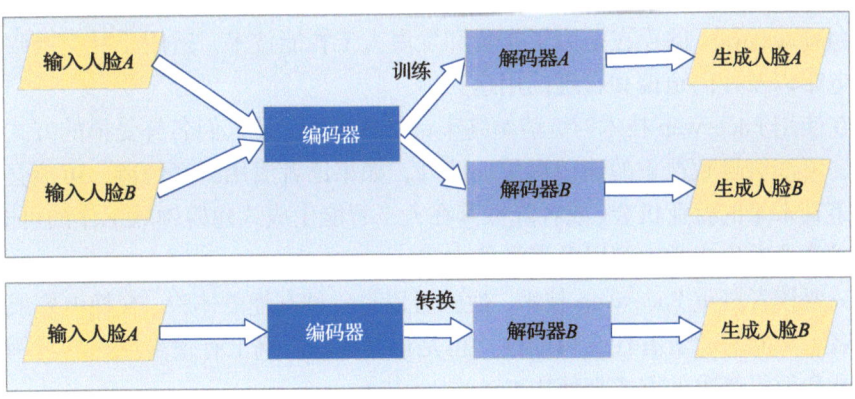

图 9-1　Faceswap 编码器-双解码器架构

在 Faceswap 编码器-双解码器架构中，可以看到编码器分为两个解码器，每个解码器对应一组人脸。这种配置类似于先前对使用成对转换和不成对转换的图像到图像模型的探索。通过 Faceswap，使用不成对转换来训练模型，可完成将一张人脸映射到另一张人脸所需要的转换。

如图 9-1 所示，当需要进行人脸转换时，只需要输入相应的人脸 A，然后使用人脸 B 的解码器进行转换，结果即是转换后的人脸 B，然后可以与原人脸互换。

图 9-2 给出在电影《风月俏佳人》中将 Roberts 的脸换成 Johannsen 的结果。换脸过程使用了 Villian 模型，该模型是第三方插件，通常用于生成高质量的深度伪造。

图 9-2　在电影《风月俏佳人》中将 Roberts 的脸换成 Johannsen 的结果

可以通过本章后面的各种练习来学习如何创建图 9-2 所示的深度伪造效果。就目前而言，还是要重申在创作此类内容时必须将道德放在首位。Faceswap 网站给出了涵盖此类工具的使用规范和道德规范：

（1）Faceswap 不得用于创建不当内容。

（2）Faceswap 不适用于未经同意或有意隐藏其用途的换脸。

（3）Faceswap 不得用于任何非法、不道德或可疑的目的。

（4）Faceswap 的存在是为了实验和发展人工智能技术，适用于社交或政治评论、电影以及任何道德和合理的用途。

在使用 Faceswap 技术时，请始终牢记这些准则。使人们名誉受损的方式多种多样，可能会导致严重的法律后果。此外，如果读者滥用深度伪造，可能会潜在地损害其未来的就业机会，或者降低其在人工智能生成式建模领域工作的可能性，请务必注意所生成的内容以及展示的方式。

只要读者尊重 Faceswap 技术，换脸可以是一种有趣的体验。交换电影或图像中的名人人脸来看看有什么可能性，也是很有趣的。网上有很多优秀的示例，都以幽默和值得尊重的方式来使用 Faceswap 技术。

无论是将 Faceswap 技术用于个人用途，还是创建个人的在线 YouTube 频道，换脸的工作流程在各种工具箱中都是通用的。9.2 节将研究如何收集数据，以执行具体的换脸工作流程。

9.2 换脸数据的收集

为人工智能或机器学习任务收集所需的数据,无论是生成式建模还是图像分类,本身都是耗时耗力的任务。幸运的是,网上有许多在线示例数据集可用于各种任务,但是在某些时候,需要为自己想做的项目收集个性化的数据。

因此,本节将介绍在 Colab 上开发的数据收集工具,这些工具可以帮助收集进行正确换脸和深度伪造生成所需的数据。这些工具依赖不断更新的第三方软件包,虽然希望这些工具可以在未来继续发挥作用,但是读者可能还需要寻找更加可靠的替代方案。

本节采用的 YouTube-Downloader 等工具经常饱受争议,下载器可以直接从 YouTube 下载视频,然而 YouTube 并不允许用户在未经同意的情况下下载视频,所以这些工具可能需要经常改变其应用程序接口来破解这个软件。GitHub 甚至还试图禁止托管此类工具,但并未成功。

要做好换脸,首先需要一个完善的人脸数据集合。然而,与之前使用 CelebA 数据集的经验不同,现在想要的是两个人的特定人脸。第一组人脸将代表目标人脸 A,而第二组人脸则是想要与之交换的人脸 B。收集这些人脸的另一个要求是它们应该随着不同的姿势和光照条件而变化,简单起见,还应尽量避免在眼镜、面部毛发和化妆方面有太多变化的人脸。一般来说不需要担心头发,因为交换的重点通常是脸部。在练习 9-1 中,将研究一个工具,它可以快速提供特定名人的人脸数据集合。该工具称为 BingImageDownloader,它是一个 Python 软件包,可以进行图像搜索并检索结果。打开浏览器,现在进入练习 9-1。

练习 9-1:下载名人人脸图像数据。

(1) 打开 GitHub 网站上的 GEN_9_Faces.ipynb 文件。如果不知道如何访问源代码,请看附录 B。

(2) 代码文件中的第一个单元使用以下代码安装软件包和要求。

```
%%bash
git clone https://github.com/gurugaurav/bing_image_downloader
cd bing_image_downloader
pip install .
```

(3) 该单元第一句代码%%bash 允许直接对服务器运行时的 Bashshell 执行以下所有命令。

(4) 以下代码块定义了一个表单,用于轻松选择一些名人和要提取的人脸数量。

```
#@title DOWNLOAD IMAGES { run: "auto" }
search = "julia roberts" #@param ["will ferrel", "ben stiller", "owen wilson", "eugene levy glasses","julia roberts","scarlett johansson"]
image_cnt = 1001 #@param {type:"slider", min:1, max:10000, step:100
```

(5) 搜索变量定义了将用于在 Bing 中查找人脸的搜索字符串。image_cnt 是一个由滑块控制的下载人脸数量的值。通常需要 500~1000 幅符合要求的人脸图像来训练换脸模型。

(6) 这段代码完成了将图像下载到指定文件夹的所有工作。

```
from pathlib import Path
from bing_image_downloader import downloader
folder = Path("dataset")
downloader.download(search,  limit=image_cnt,  output_dir=folder,
                    adult_filter_off=False, force_replace=True)
output_folder = folder / search.replace(" ", "\ ")
filter = output_folder / "*.jpg"
zip_file = search.replace(" ", "_") + ".zip"
print(filter,zip_file)
```

(7) 上面的代码可能需要一定时间来下载 1000 幅图像，请耐心等待，直到所有文件都下载到指定的文件夹中。

(8) 使用 Bashzip 命令压缩文件。注意在预定义变量前使用$，允许将 Python 变量替换成 shell 命令。

```
!zip $zip_file $filter
```

(9) 使用最后一个单元的代码下载 Zip 文件到计算机上。

```
from google.colab import files
files.download(zip_file)
```

现在可以对表单上建议的名人人脸运行前面的练习，或者随意添加自己的名人人脸。这里选择的人脸或人物将取决于以后决定深度伪造的视频。如果还不确定要下载哪些人脸图像，请跳到 9.3 节下载主题视频，这有助于决定搜索哪些名人人脸图像。

有时可能只对单一图像进行换脸，但在大多数情况下，还是希望使用视频创建深度伪造，这样就需要访问大量免费和付费的视频资源，其中最好用的资源当然是 YouTube。从 YouTube 下载视频，还可以选择内容格式。

当决定深度伪造主题的视频类型时，通常需要考虑以下细节。

(1) 短：通常选择长度小于 30s 的视频。如果真的想深度伪造更长的视频，那么最好使用不同于 YouTube 的其他来源。

(2) 易于识别的人脸：确保选择具有突出和可识别人脸的视频。如果选择的脸是几帧画面的焦点，则更好。

(3) 更少的人脸：在擅长完善换脸或深度伪造工作流之前，避免使用场景拥挤的视频。一帧视频中人脸多意味着以后会有更大的工作量。Faceswap 有一些实用工具可以帮助解决这个问题，但通常使用较少的人脸会更好。

(4)流行度:通常根据人气来选择视频的主题,这样做的原因是需要最初的 1000 幅左右的人脸图像用于训练,而后期训练 Faceswap 模型取决于之前练习中提取的人脸图像的质量。因此,拥有足够受欢迎的名人人脸来获得一组良好的多样化训练图像是很有帮助的。

随着在换脸方面的经验越来越丰富,读者可能想要打破部分规则或全部规则,此时可能只想使用自己与名人人脸交换的家庭内部视频来享受个人乐趣。在这一点上,这些细节都取决于自己,本节介绍的方法仅供参考。

在下一步工作中,将使用第三方工具 YouTube-Downloader 来自动下载和打包 YouTube 上的视频。练习 9-2 提供了几个示例视频选项,读者可以轻松地替换为自己的选择。再次打开浏览器,跳到 Colab 上下载一组精选主题视频。

练习 9-2:下载 YouTube 主题视频。

(1)打开 GitHub 网站上的 GEN_9_Video_DL.ipynb 文件。如果不知道如何访问源代码,请查看附录 B。

(2)代码文件中的第一个单元用以下代码安装 youtube-dl 软件包和要求。

```
!pip install --upgrade youtube-dl
```

(3)安装完软件包后,可设置一个表单,从主题视频中选择一个主题进行视频下载。

```
#@title SELECT VIDEO
video = "Anchorman" #@param ["Elf", "Zoolander", "Schitts
                    Creek","Pretty Woman","Avengers","Anchorman"]
from __future__ import unicode_literals
import youtube_dl
videos = { "Elf" : { "url" : 'https://www.youtube.com/
           watch?v=3Eto6DU_2oI'},
           "Zoolander" : { "url" : "https://www.youtube.com/
           watch?v=KeX9BXnD6D4"},
           "Schitts Creek" : { "url" : "https://www.youtube.com/
           watch?v=hg1Uk60rBsc"},
           "Pretty Woman" : { "url" : "https://www.youtube.com/
           watch?v=1_TZEsUhXRs"},
           "Avengers" : { "url" : "https://www.youtube.com/
           watch?v=JyyGJk51n-0"},
           "Anchorman" : { "url" : "https://www.youtube.com/
           watch?v=88zGzznpnis"},}
video_url = videos[video]['url']
```

```
download_options = {}
download = youtube_dl.YoutubeDL(download_options)
info_dict = download.extract_info(video_url, download=False)
formats = info_dict.get('formats',None)
for f in formats:
    if f.get('format_note',None) == '480p':
        url = f.get('url',None)
print(url)
```

(4) 此单元运行完毕后,确认统一资源定位器(uniform resource locator,URL)已打印到单元下方的输出窗口中。如果没有打印 URL,则视频格式不支持 480 行像素,这是首选格式。也可以选择另一个视频或修改格式。

(5) 接下来对 OpenCV2(图像和视频处理库)进行导入,使用首选的编解码器将下载的内容转换回视频。该步骤设置视频捕获并进行初始帧计数。

```
import cv2
input_movie = cv2.VideoCapture(url)
length = int(input_movie.get(cv2.CAP_PROP_FRAME_COUNT))
print(length)
```

(6) 在这里,希望使用编解码器将从 YouTube 捕获的视频帧重新渲染回视频。编解码器有多种类型可供选择。可以使用所选的默认编解码器,或者注释掉该行并选择另一个合适的编解码器。如果下载视频后无法在桌面上播放,则可能需要交换编解码器并再次渲染视频。

```
from google.colab.patches import cv2_imshow
from IPython.display import clear_output
import time
frame_width = int(input_movie.get(cv2.CAP_PROP_FRAME_WIDTH))
frame_height = int(input_movie.get(cv2.CAP_PROP_FRAME_HEIGHT))
print(frame_width, frame_height)
frame_number = 0
frame_limit = 1000
# 定义编解码器,创建 VideoWriter 对象
#fourcc = cv2.VideoWriter_fourcc(*'FFV1')
fourcc = cv2.VideoWriter_fourcc(*'XVID')
#fourcc = cv2.VideoWriter_fourcc(*'DIVX')
#fourcc = cv2.VideoWriter_fourcc(*'DIV3')
#fourcc = cv2.VideoWriter_fourcc('F','M','P','4')
#fourcc = cv2.VideoWriter_fourcc('D','I','V','X')
```

```
  #fourcc = cv2.VideoWriter_fourcc('D','I','V','3')
  #fourcc = cv2.VideoWriter_fourcc('F','F','V','1')
  filename = f"{video}.avi"
  out = cv2.VideoWriter(filename,fourcc, 20.0, (frame_width,frame_
                       height))
 while True:
 ret, frame = input_movie.read()
 frame_number += 1
 if not ret or frame_number > frame_limit:
     break
  out.write(frame)
  if frame_number < 10:
      cv2_imshow(frame)
 input_movie.release()
 out.release()
 cv2.destroyAllWindows()
```

(7) cv2.VideoWriter 构造写入器来执行捕获帧的渲染。可以用变量 frame_limit 来限制渲染的帧数，目前设置为 1000，当然也可以根据需要改变该数值。在写入器的处理过程中，还将输出前 10 帧视频以供检查。

(8) 使用与练习 9-1 中相同的代码块下载渲染后的视频。

```
from google.colab import files
files.download(filename)
```

(9) 在计算机中运行所有单元后，在首选下载文件夹中将视频下载到机器上。请务必观看视频以确认其格式正确并涵盖正确的主题。请注意，后面有很多机会来删减可能不想要的视频区域，所以不用太担心内容过多，但要确保所喜欢的主题清晰可见，并在画面中停留几秒钟。

将主题视频和两组名人人脸作为 zip 文件下载到一个文件夹后，将其解压到新文件夹中。确保每个文件夹中只有一组名人图像，视频也在单独的文件夹中。

9.3 深度伪造的工作流程

使用 Faceswap 或 DeepFakeLab 之类的优秀工具，构建深度伪造视频或其他内容相对简单。通常需要遵循明确定义的工作流程来准备、标记和对齐用于换脸的内容。对于 Faceswap，其基本工作流程如下所示。

(1) 提取。下载的名人人脸图像和视频首先需要进行面部提取和对齐处理。在图像或视频文件夹中运行 Faceswap 软件，首先从图像中提取每张人脸。一张人脸被提取出来后，将其正确定向，然后放入一个新文件夹中，并将人脸的描述添加到对齐文件中。

(2)分类。提取人脸后，继续将这些人脸排序到一个新文件夹中。Faceswap 有一个工具可以根据相似度对人脸进行分类，并生成一个分类整齐的人脸文件夹。通过对图像分类，可以为下一步的修剪做准备。

(3)修剪。人脸分类后，可以检查图像并删除任何与主题不匹配的图像。该软件不够智能，无法提取正确的人脸，通常会提取图像或视频帧中的所有人脸。因此，需要删除不需要或不想要的人脸。

(4)对齐。初始提取生成的对齐文件对以后的训练和转换至关重要。在修剪步骤中删除不需要的人脸后，需要清理对齐文件中所有不需要的引用。这个步骤可以通过软件中的工具快速执行，稍后将看到。

(5)重复。需要为名人主题 A 和 B 以及所需的输出视频重复前面的四个步骤。

(6)训练。在两个名人主题的人脸被提取、分类和修剪之后，就可以继续训练 A/B 人脸。如果选择了正确的选项，则 Faceswap 能使这项工作变得特别容易。

(7)转换。当不需要的人脸图像和不需要的引用都被清理干净，并且模型训练完毕时，就可以继续将视频转换为伪造视频。如果视频较短，那么这一步可以很快完成。

(8)重建。转换过程完成后，需要将深度伪造的图像转换回视频。该软件也有一个工具来执行此操作，但提供了另一个 Colab 代码工具来完成这项工作。

在使用 Faceswap 运行工作流程之前，需要从 GitHub 网站上下载 GUI 客户端，网址为：https://github.com/deepfakes/faceswap/releases，其中有免费的 Windows 版本和 Linux 版本。请务必下载正确的版本，然后安装程序并运行。

在 Windows/Linux 上安装 Faceswap 应该很简单，它包括所有需要的依赖项，以及为显卡设置任何需要的 GPU Cuda 支持。如果曾经试图在 Windows 上安装类似 PyTorch 或 TensorFlow 的 Python 框架，就会知道这个过程是多么艰难和曲折。但是，Faceswap 安装程序解决了该问题。

安装完软件之后，就可以进入第一步，以下把换脸和深度伪造过程中的每个步骤都视为练习。

9.3.1 提取人脸

提取和识别人脸的过程是明确定义的，并且已经使用多年。这一步的目标是将各种图像和帧中的每张人脸都提取到单独的文件中，并且只对齐一张人脸。在该过程中，每张人脸都被输入到描述定位和特征点的对齐文件中。

图 9-3 给出对齐文件中描述的 68 个人脸特征点。该文件对流程中的每一步都至关重要，因为它定义了每张人脸的重要特征。实际的对齐文件是二进制文件，

如果没有 Faceswap 等工具，则无法直接编辑。

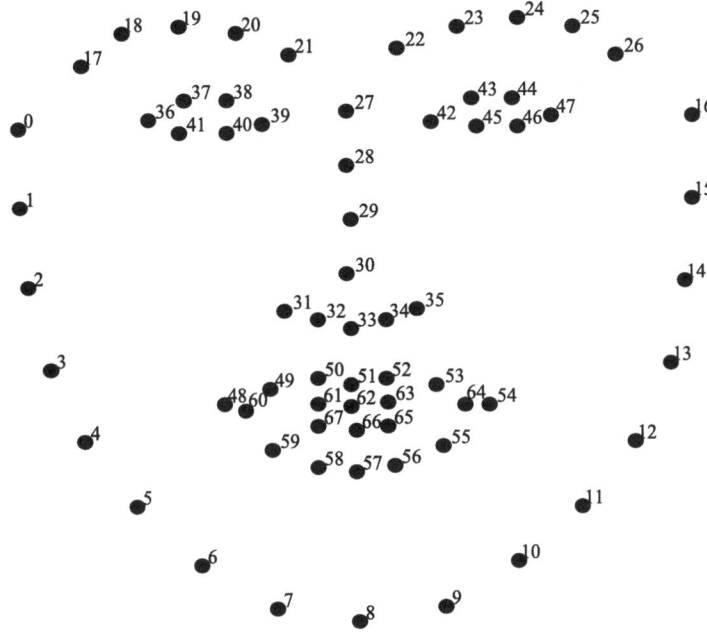

图 9-3　对齐文件中描述的 68 个人脸特征点

在练习 9-3 中，首先从先前下载的视频中提取人脸，同样的过程也适用于名人主题的图像文件夹。此过程的输出将是提取的人脸文件夹和对齐文件。启动 Faceswap 软件，开始练习。

练习 9-3：提取人脸。

(1) 软件启动后，确保正在查看 Extract（提取）选项卡，如图 9-4 所示。
(2) 在 InputDir 字段中选择包含输入内容的文件夹或文件。对于此示例，使用的是下载的视频。
(3) 选择一个空的输出文件夹放置提取的人脸，然后在 OutputDir 字段中选择该文件夹。
(4) 选择用于识别图像的 Detector 类型。S3Fd 是这个项目将要使用的目前最好的提取工具。如果想要了解更多关于各种选项的信息，请访问 Faceswap 论坛，网址为：https://forum.faceswap.dev/。
(5) 下一个选项 Aligner 允许选择定位图像的插件。同样，在这里使用当前最好的 Fan。
(6) 接下来是 Masker，是从脸部周围去除不需要的内容并确保面部特征可见的过程。对于 Masker，将使用 Unet-Dfl 模型。
(7) 与往常一样，希望对提取的图像进行归一化，以便更好地进行训练。Hist 是建议的归一化工具，它可以很好地训练所有模型。
(8) 要设置的最后一个选项是 FaceProcessing（人脸处理）。除了要提取的人脸的最小尺寸之外，其他的都是高级选项。根据内容，读者可能希望将此数字调整为一个非零值，表示要提取的最小人脸尺寸。根据最终的制作需求，针对不同内容类型调整此参数值。

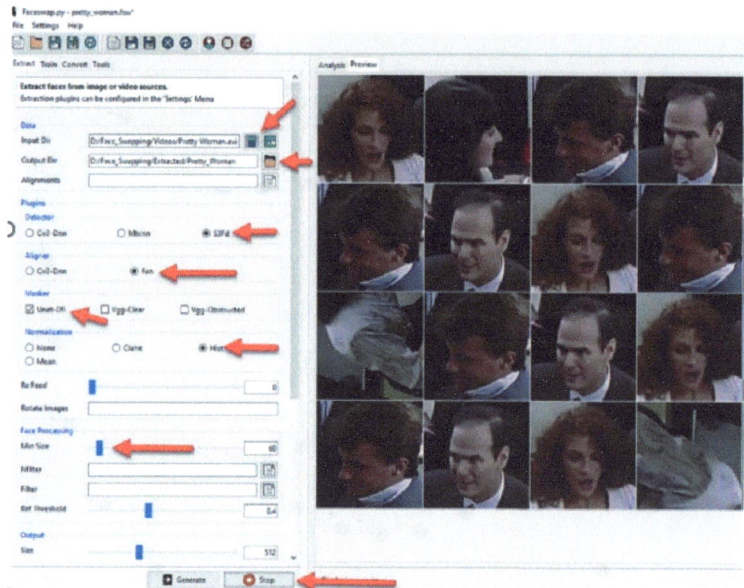

图 9-4 从《风月俏佳人》视频剪辑中提取人脸

(9)最后可以通过单击窗口底部的 Convert(转换)按钮开始转换。单击 Convert 按钮后,会在底部窗口中看到日志输出,然后在右侧看到正在提取的各种人脸图像。该过程完成后,原始输入文件夹中应该有一个充满人脸图像的文件夹和一个新的对齐文件。

需要为主题视频和要交换的两个名人人脸运行提取过程。完成所有内容的提取后,就可以继续 9.3.2 节分类内容的学习。

9.3.2 分类和删除人脸

提取的所有人脸并非都是有用的,有的甚至可能属于错误的主题,如果一个转换场景中包含多名演员的视频剪辑,则这种情况尤为明显。因此,现在要做的是从提取的文件夹中删除不需要的人脸,然后重新构建对齐文件。

为此,需要从提取的文件夹中手动移除不需要的图像。由于大量图像通常混合在一起,所以首先使用软件内置的工具按照相似度对这些图像进行分类。

在练习 9-4 中,利用运行分类工具按相似度对图像进行分类,然后从文件夹中删除不需要的人脸。这是比较简单的过程,需要为每个提取的人脸集执行此操作。接下来对提取文件夹中的图像进行分类。

练习 9-4:分类和删除人脸。
(1)在软件运行的情况下,打开 Tools(工具)选项卡,然后打开 Sort(分类)选项卡,如图 9-5 所示。

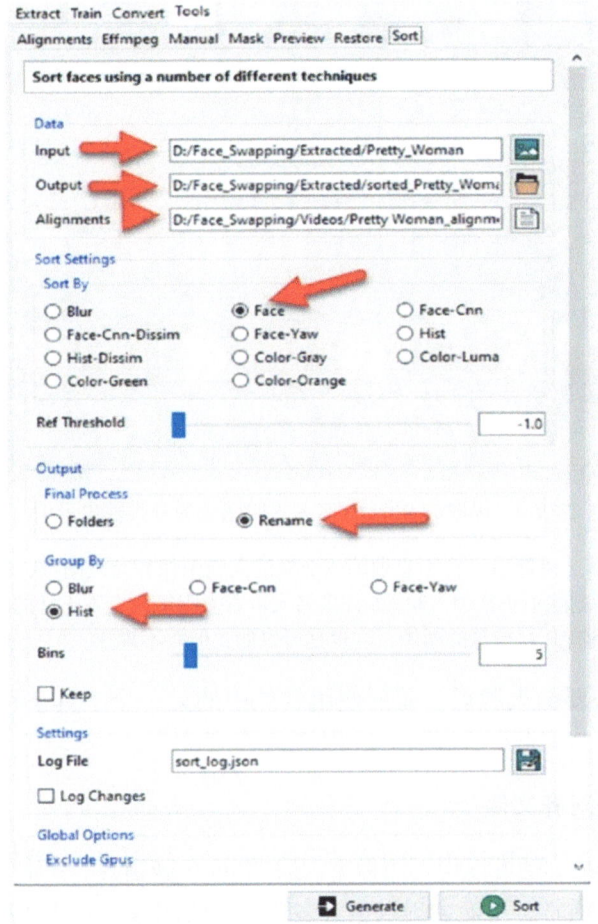

图 9-5　使用工具/分类功能对人脸进行分类

(2) 在 Data(数据)选项下,需要再次填写输入、输出和对齐文件位置。输入文件夹是提取图像的位置。输出文件夹是包含已分类图像的新文件夹,对齐文件将在原始输入文件夹的源文件中找到。
(3) 在 SortSettings(分类设置)和 SortBy(分类方式)选项中,需要选择 Face(人脸)作为分类方式。
(4) 对于 Output/FinalProcess(输出/最终处理)选项,选择 Rename(重命名)选项保持默认值。这将根据分类顺序重命名图像。
(5) 在 GroupBy(分组依据)下,将 Hist 作为默认且首选的方法。
(6) 单击窗口底部的 Sort(排序)按钮,几分钟后,就会收到输出文件夹中已有分类后人脸的通知。
(7) 找到并打开输出文件夹,提取的 Roberts 名人人脸图像的分类输出示例如图 9-6 所示,其中的人脸是按相似度分类的。

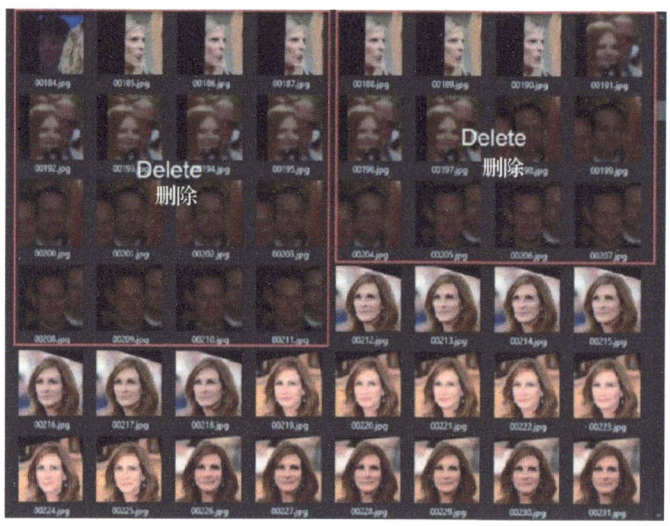

图 9-6 提取的 Roberts 名人人脸图像的分类输出示例

(8) 在文件夹的一端,可能有一些不想训练或交换的人脸图像和垃圾图像,继续并删除这些图像。您可能还想删除不正常的人脸,如许多名人戴着太阳镜或有不正常的面部毛发或妆容。您可能会注意到有几幅重复的图像,这也是可以的,但并不理想。

在删除不需要的人脸后,需要使用软件中的另一个工具来移动和清理对齐文件。

9.3.3 重新调整对齐文件

在对齐文件后,就可以识别图像中人脸的 68 个映射点,并主要用于定义图像中的目标人脸。通常,可能会提取包含多个人脸的图像,对齐文件可帮助软件识别要使用的人脸。在之后应用转换时,对齐文件还有助于掩盖面部,以便更好地将一张人脸映射到另一张人脸上。

从文件夹中删除不需要的人脸后,需要重建对齐文件。具体来说,需要把分类文件夹中已删除的人脸彻底剔除。否则,当继续进行训练时,软件会提示缺少图像。

从对齐文件中删除人脸的过程非常简单,该过程作为一个工具已经包含在软件的 Tools(工具)选项卡中。具体需要清理每一个分类的对齐文件,并从提取文件夹中删除图像。回到 Faceswap 软件,将在练习 9-5 中完成删除人脸的过程。

练习 9-5:从对齐文件中删除人脸。
(1) 在软件运行的情况下,打开 Tools(工具)选项卡,然后打开 Alignments(对齐)选项卡,如图 9-7 所示。

第 9 章 深度伪造和换脸 · 191 ·

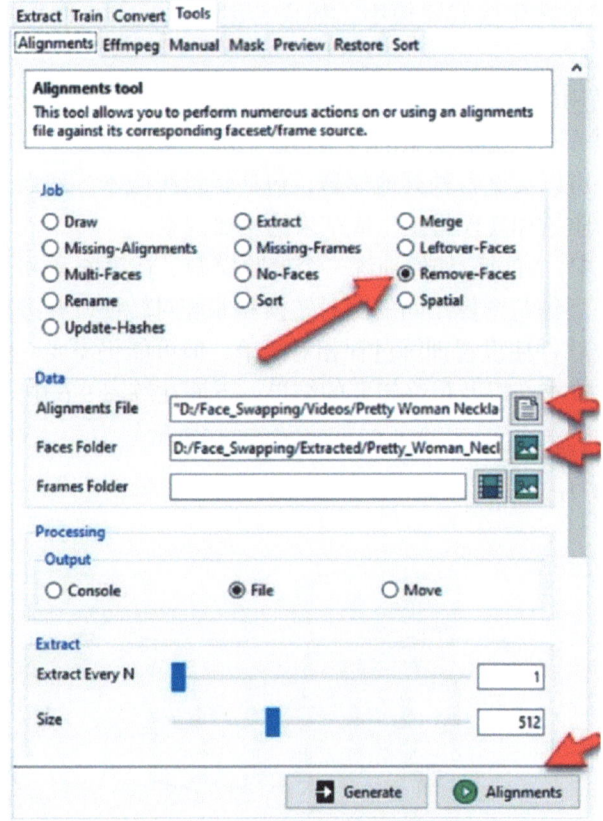

图 9-7 从对齐文件中删除人脸

(2) 在 Job(功能)选项中，选择 Remove-Faces(删除-人脸)选项，其中对齐文件可执行多种操作。有关如何使用这些工具的更多信息，请参阅 Faceswap 存储库或论坛。

(3) 在 Data(数据)选项下，选择源对齐文件，并在人脸文件夹中选择提取、分类和删除人脸的文件夹。

(4) 保留其余的默认值，但要确保它们的设置与图 9-7 中的相同。

(5) 单击 Alignments(对齐)按钮开始删除过程。如果遇到错误，请确保选择了正确的人脸文件夹和对齐文件，然后重试。有时可能需要再次运行对齐过程，就可以解决这个问题。

请务必为每组提取的图像和视频清理所有对齐文件。如果忘记执行此操作，当继续 9.4 节训练时，将遇到更严重的错误。

9.4 换脸模型的训练

此时，您应该拥有两组名人的人脸，即 A 和 B，下面将其用于训练。虽然可以直接针对想要交换视频的人脸进行训练，但不建议这样做，因为人脸通常过于相似。请记住，在生成式建模中，如果希望数据具有多样性，最好使用外部图像。

Faceswap 使用的模型基本架构是双自动编码器，读者可能会对所需的训练时间感到惊讶，训练一些更加复杂的模型(如 Villan)可能需要一周或更长的时间。根据硬件水平，可以尝试各种其他模型，包括轻量级版本。然而，必须意识到的是，模型架构的质量和规模将是生成结果的主要因素。

在练习 9-6 中，将讨论如何训练一个换脸模型。在第 6 章和第 7 章中，都使用 GAN 探索了图像与图像之间的配对转换和非配对转换，并进行了各种类似的训练。Faceswap 软件使设置训练过程相对简单，但可能仍需要一些时间来掌握哪种模型适合硬件要求，以及最终想要的结果。下面在练习 9-6 中训练模型。

练习 9-6：训练换脸模型。

(1) 打开软件，选择 Train(训练)选项卡，如图 9-8 所示。

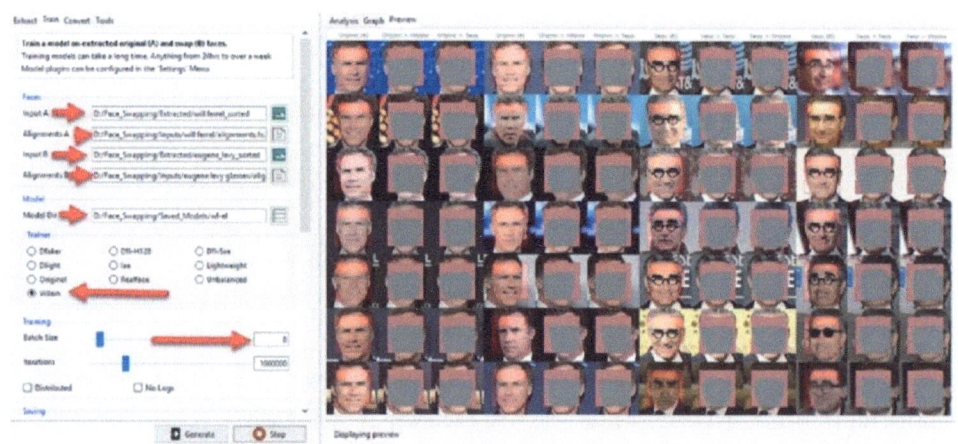

图 9-8　训练换脸模型

(2) 将 InputA 和 InputB 的字段设置为提取、分类和修剪人脸的文件夹。图 9-8 显示了一个示例，将 Ferrell 作为输入 A，将戴眼镜的 Levy 作为输入 B。请留意这里删除了 Ferrell 在《王牌播音员》中很出名的留有胡子的图像，还删除了没有戴眼镜的 Levy 的图像。如果想转换 Levy 在《富家穷路》中的形象，可能不会使用他著名的戴眼镜的造型。

(3) 设置 AlignmentA 和 AlignmentB 的文件来源。同样，这些文件通常位于原始输入文件夹中。

(4) 在 ModelDir 字段中设置模型，最好为此创建一个新文件夹。这将是在训练过程中保存已训练模型的文件夹。

(5) 这里需要从 Trainer(训练器)选项中确定要使用的模型。选择的 Villan 模型是公认最好的，但训练功耗最大。如果计算机缺少 GPU 的支持，那么从轻量级或原始模型开始可能会更好。

(6) 根据选择的模型，需要调整一些不同的超参数，如 Training(训练)组框下的 BatchSize(批量大小)。当使用消耗大量 GPU 内存的 Villian 模型时，可能需要减少默认的批处理大小

(BatchSize=16)，具体可以通过访问主菜单中的设置来修改其他超参数。

(7) 填写完基本必填字段后，就可以通过单击窗口底部的 Train(训练)按钮开始训练。当训练开始时，会看到在人脸上使用掩码来表示模型正在训练转换的区域，如图 9-8 所示。还会注意到，各种模型会从 InputA 转换到 InputB，反之亦然。在模型训练过程中，要关注日志窗口中输出的每个 A-B 和 B-A 转换的损失。

(8) 如前所述，精确训练一个模型可能需要大量的时间。当模型正在训练时，您可以通过单击训练窗口中 Preview(预览)选项卡旁边的 Graph(图表)选项卡来查看损失进度。

(9) 可以随时通过单击 Stop(停止)按钮来停止训练，然后继续测试转换。一般来说，在继续创建深度伪造视频之前，会希望模型显示出准确的转换，使用 Villan 进行模型训练的后期阶段如图 9-9 所示，该图显示了训练后期的状态。

图 9-9　使用 Villan 进行模型训练的后期阶段

当对训练后的模型感到满意时，可以继续将主题视频转换为深度伪造。当然，也不必等待模型完成训练，但要意识到部分训练的模型可能会产生较差的结果。拥有经过全面训练的换脸模型的好处在于，它可以用于多个相同主题的视频。然而，需要考虑演员的妆容、面部毛发和眼镜等并不属于他们的正常外观。有了充分训练的模型，就可以进入 9.5 节，来制作完整的深度伪造视频。

9.5　深度伪造视频的制作

获得可信且准确的深度伪造视频主要与在前面训练的模型的性能有关，从要转换的视频中提取和处理人脸同样重要。在继续之前，请确保已提取、分类和修剪完成目标转换视频中的人脸。

假设一切准备就绪，可以继续下一个练习，将目标视频转换为深度伪造视频。同样，Faceswap 使这个过程变得非常简单，如果拥有支持 GPU 的环境，则可以在不到 5min 的时间内转换一段 30s 的视频。继续回到软件，可以努力制作第一部深度伪造视频，具体参见练习 9-7。

练习 9-7：生成一段换脸视频。

(1) 打开软件，选择 Convert(转换) 选项卡，用于将视频转换为深度伪造帧的界面如图 9-10 所示。

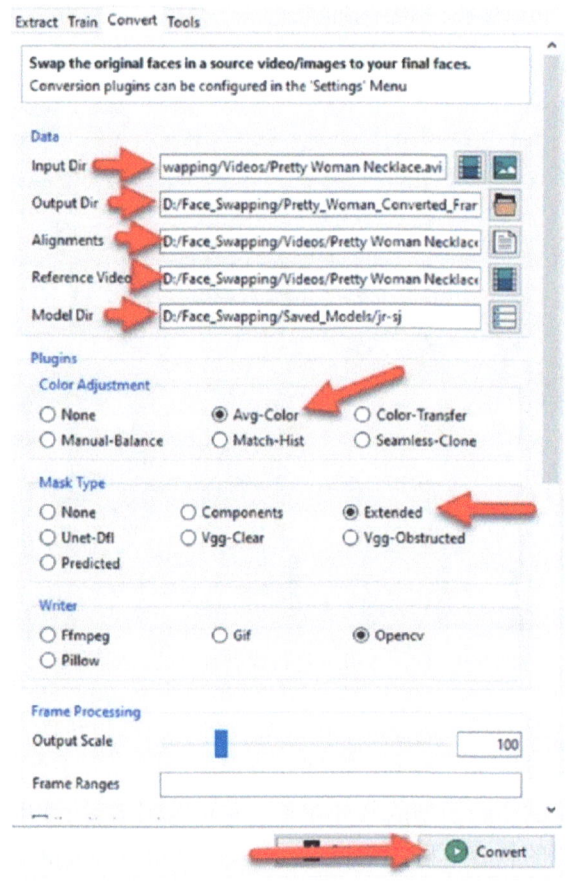

图 9-10　用于将视频转换为深度伪造帧的界面

(2) 有几个选项可用于修改转换结果。在本练习中，将坚持使用基础知识，但是可以从 Faceswap 存储库或论坛中了解更多关于各种选项的信息。

(3) 通常情况下，可以从窗口顶部的数据组框开始，需要将 InputDir 选项设置为想要转换的实际目标视频。然后将 OutputDir 选项设置到一个新文件夹，视频帧将被写入该文件夹。在默认情况下，Faceswap 不会创建输出视频，合并帧将在最后阶段完成。

(4) 在 Alignments 字段中设置对齐文件。此外，ReferenceVideo（参考视频）的输入将与 InputDir 视频相同。然后，通过选择用于训练的模型文件夹来完成第一部分的输入。
(5) 通常，可以将 ColorAdjustment（颜色调整）部分保留为默认值。但是，如果您注意到转换后的图像表面周围存在颜色差异，则可能需要进一步设置这些选项。
(6) MaskType（掩码类型）设置定义了需要转换的人脸周围区域的掩码，不同的掩码会根据模型插件的几个因素来改变该区域。如果注意到人脸在转换后的输出中没有得到完全转换，可能需要调整转换过程中使用的掩码。可能还需要选择和定义用于提取过程的不同掩码。这些都是高级设置，相关内容在 Faceswap 网站上有最完整的文档记录。
(7) 保留其他默认设置，如图 9-10 所示。准备就绪后，就可以通过单击窗口底部的 Convert（转换）按钮开始转换过程。

视频转换完成后，就可以打开 OutputDir 文件夹，查看该过程的运行情况。如果对转换不满意，请先返回并对模型进行更多的训练或使用不同类型的模型。可能还需要了解有关掩码和颜色归一化的更精细选项。同样，请参阅 Faceswap 文档、论坛网站和其他资源以获取帮助。

当对转换感到满意时，就可以进入最后一步，即用转换后的帧制作最终的深度伪造视频。制作深度伪造视频的最后一步是获取所有转换后的视频帧，并将它们组合成一个视频，Faceswap 有可以将帧转换为视频文件的工具，但它需要用参考视频提取编解码器和其他属性。然而在很多时候，创建深度伪造视频时，可能只想使用部分帧来完成视频重建工作。

正如在 YouTube-Downloader 练习中看到的，利用 Python 和 OpenCV 可以使重建视频变得非常容易。因此，设置和使用另一个 Colab 代码文件是一件很简单的事情，它可以使用选择的帧和编解码器轻松地创建视频。

在本章的最后一个练习中，先跳回到 Colab，并使用 Python 工具创建深度伪造视频。如果不想使用 Colab 代码文件，并且已经设置好 Python 环境，那么也可以将代码复制到本地，并直接在计算机设备上运行。无论哪种方式，都可以很容易地快速制作一段深度伪造视频，具体过程参见练习 9-8。

练习 9-8：制作深度伪造视频。
(1) 打开 GitHub 网站上的 GEN_9_Make_Video.文件。如果您不确定如何操作，请参考附录 B。
(2) 打开窗口左侧的文件夹/文件选项卡，创建一个名为 images 的新文件夹。选择新文件夹旁边的省略号菜单，单击 Upload（上传）选项打开文件浏览器视图。
(3) 找到并打开练习 9-7 中已转换为帧的 OutputDir 文件夹。使用文件浏览器选择一些要转换为视频的帧。选择所有图像后，单击浏览器中的 Open（打开）选项上传图像。等待所有图像上传完成后再继续。
(4) 返回到代码文件单元格，现在可以从菜单中选择运行时间➤全部运行（Runtime➤Runall）来运行整个代码文件。
(5) 此处显示的第一个代码块从文件夹中提取所有图像，并将它们放入一个数组/列表中，以供后期处理。

```
import cv2
import numpy as np
import glob
img_array = []
for filename in sorted(glob.glob('/content/images/*.png')):
    print(filename)
    img = cv2.imread(filename)
    height, width, layers = img.shape
    size = (width,height)
    img_array.append(img)
```

(6) 注意使用 glob 和 sorted 函数来加载所有的图像并对其进行分类。

(7) 下移到下一个单元格,可以看到使用 OpenCV 的 Python 创建一个新的视频文件是多么容易。同样,如果需要修改用于创建视频的编解码器,请取消注释/注释相应的行,如以下代码所示。

```
movie = 'deepfakes.mp4'
# 编解码器
# 定义编解码器,创建 VideoWriter 对象
#fourcc = cv2.VideoWriter_fourcc(*'FFV1')
#fourcc = cv2.VideoWriter_fourcc(*'XVID')
#fourcc = cv2.VideoWriter_fourcc(*'DIVX')
#fourcc = cv2.VideoWriter_fourcc(*'DIV3')
fourcc = cv2.VideoWriter_fourcc('F','M','P','4')
#fourcc = cv2.VideoWriter_fourcc('D','I','V','X')
#fourcc = cv2.VideoWriter_fourcc('D','I','V','3')
#fourcc = cv2.VideoWriter_fourcc('F','F','V','1')
out = cv2.VideoWriter(movie,fourcc, 15, size)
for i in range(len(img_array)):
  out.write(img_array[i])
out.release()
```

(8) 在视频创建代码中,还可以看到调用 cv2.VideoWriter 函数来定义视频名称、编解码器类型、每秒播放帧数和视频大小。

(9) 在最后一段代码块中,将使用与本章前面相同的模式下载视频。制作并下载视频后,检查一下,看看是否令人满意,若不满意则需要从头开始。

如果使用了正确的编解码器,所生成的视频就已经编码,并且能够正常播放,现在就可以享受第一段完整的深度伪造视频,这肯定会带来满足感。当然,读者

可能也会发现，在第一次尝试之后，结果并不太理想。如前所述，还可以通过重复换脸工作流程、训练模型和转换视频等过程进行修改，直至达到满意的效果。

此时，还可以继续制作其他深度伪造视频，或者改进已经尝试过的深度伪造视频，也可以尝试不同或更复杂的生成器版本，也许还可以尝试在视频中完成多个主题，这都需要在同一个输出视频中进行多次转换。此外，还有更高级的工作流程允许进行多个主题操作，这些工作都将留给读者自己去探索。

9.6 本章小结

生成式建模最有争议和被滥用的形式可能就是换脸的应用及深度伪造。在许多方面，对这部分生成器的不道德滥用往往会给整个技术留下污点。深度伪造技术也有可能被用来制造虚假信息和虚假新闻。正是基于这些原因，在进行换脸时，遵循道德准则是非常重要的。

虽然深度伪造技术的未来发展还有待观察，但对从事这项技术的人来说，已经出现了一定程度的滥用恐慌。当然，人们创造更优秀换脸的能力肯定也会提高。毕竟，当前用于换脸工作流程的模型远不如本书中使用的许多生成模型先进。

然而，还可以将深度伪造技术扩展到换脸之外。想象换脸工作流程也可以改变人们的服装、背景甚至视频的风格。也许有一天，《星球大战》这样的电影会被转换成西部片，或者著名的西部片被转换成太空歌剧。

如果大多数人以符合道德准则的方式进行技术研发，换脸和深度伪造可能会继续存在。否则，当这项技术被滥用于制作虚假色情片和虚假新闻时，就可能会受到法律的约束，使用者甚至面临法律的制裁，更糟糕的是生成式建模本身的声誉也会受损。

本书第 10 章，将会继续探讨如何识别由生成式建模创建的内容。出于对深度伪造安全的担忧，以及对制造虚假新闻的必要防范，这一领域也受到了极大的关注。因此，了解如何检测伪造内容将是本书的最后内容。

第10章 深度伪造内容的检测

为了生成与现实相匹配甚至超越现实的内容，本书讨论了很多技术和方法，虽然大部分内容都是在探索人脸处理，或者试图创建逼真的人脸，但是这样的技术同样可以应用到任何其他合适的领域。对许多人来说，能够生成逼真的人脸才是最令人害怕的。

毕竟，人脸是人类交流、传达情感的核心和基础。可以说，能够创造真实的人脸或换脸，为各种方式的滥用打开了一个可能性的大门。正如在第9章中所讨论的，这是一个永远存在的危险，需要从道德和技术的角度认真对待。

在加拿大海军中，所有舰艇都配备潜水员，这些人接受了舰艇从建造到停用过程中各种形式的爆破训练，课程内容非常广泛。据说，如果通过了考核，就会成为一名爆破专家。如果没有通过考核，有可能成为一名恐怖分子。虽然这肯定不是真相的全部，但是据说是因为没有通过考核的人都学会了如何制造炸弹，却很可能没有学会如何拆除炸弹。

或许可以将同样的类比应用到生成模型构建者身上，他们构建了深度伪造和换脸作品，却不了解检测它们的原理。正如在第9章所看到的，创建深度伪造视频是相对容易的，创造者并不需要真正理解生成器的具体细节。如果没有学会生成模型，生成也就失败了。然而，如果能深入了解生成器及其为何失败或成功，就可以找出其中的错误。毕竟，本书中的大部分内容研究的是如何更好地欺骗判别器。现在需要讨论如何利用已经获得的知识来检测"冒牌货"。

在学习深度伪造内容的检测时，不仅会了解到新工具，还会给自己带来新的发展机遇。未来很可能会充斥着各种各样的深度伪造内容，这就需要在各个层面进行监管。从政府到私营企业，都会出现全新的机器学习开发者或者工程师职位。

本章将研究如何检测伪造内容，特别是深度伪造内容。首先讨论用生成式建模来操纵内容或者人脸的各种方法。在此基础上，重点剖析识别伪造内容的策略体系，并探索如何将其应用于真实内容的判定。本章的最后将介绍几种识别伪造内容的工具和方法。

深度伪造和深度伪造检测技术领域刚刚兴起，可能会在未来几年内获得飞速发展，并出现很多更先进的方法和工具。本章是对这个迅速发展的领域的高度概括。10.1节将介绍用于检测伪造内容的方法和策略，这也是后续使用检测工具的基础。

10.1 人脸操作方法

在人脸操作领域，通常将技术分为两大类。一种是身份的交换，即把一个人脸替换成另一个人脸。另一种是姿势的交换，即将一个人的姿势转换成另一个人的，称为面部重演(facial reenactment，FE)。

在第9章中研究过换脸，也就是身份的交换方法，并利用它来构建深度伪造。虽然使用深度学习双自动编码器来实现人脸交换，但事实上还有其他基于图形处理的方法。以下是身份转换方法的总结。

(1) 人脸交换。请不要与软件包 Faceswap 混为一谈，人脸交换是基于图形处理的方法，类似于从目标图像中提取人脸，使用面部标志将其投射到三维模型中，然后捕捉并替换人脸。目前这种方法已广泛应用于电影业的各种形式换脸和其他操作。

(2) 深度伪造。深度伪造的工作原理是首先从源身份 A 和目标身份 B 中提取人脸，训练深度学习网络模型，并将人脸 A 转换为人脸 B，反之亦然。然后，训练好的模型可以将人脸 A 与人脸 B 互换，并使用网络模型来呈现任何所需的姿势变化。本书第9章详细介绍过这个过程。

面部重演是面部操作的第二类，其工作原理是保持目标身份不变，但换成来自另一个人的姿势，而这个人可能正在讲话。这种方法通常与深度伪造混为一谈，但为了不引起混淆，将其定义为面部重演，而不是人脸交换。

图 10-1 给出了人脸交换和姿势交换的区别。上半张图展示的是 Gaga 和演员 Buscemi 的换脸。这种交换是用 Villain 模型实现的，使用的是 Faceswap 软件。图 10-1 的下半部分使用了美国前总统 Obama 的肖像，但是他的动作和行为(姿势)被替换为喜剧演员 Peele 的。该图像是从一个完整的视频中提取的，它充分展示了姿势交换的效果。

与人脸交换类似，目前姿势交换也有两种不同的策略：基于图形处理的方法和深度学习方法，都可以交换目标的姿势。下面是关于每种方法的更多详细信息。

(1) Face2Face。这是一种基于图形处理的方法，类似于换脸，它使用两个输入视频流，提取其中的关键帧并用作混合目标。这次不是从特征点提取人脸，而是提取姿势。然后，姿势被转换成三维特征图，用来混合目标人脸。

(2) 神经纹理。该方法使用典型的 GAN，类似于 Pix2Pix 或其他图像到图像转换模型，将姿势从一幅图像转换到另一幅图像。有大量开源项目的示例展示了该技术，但目前最热门的项目是 Avatarify。Avatarify 使用合适的硬件就可以实时转换姿势或者人脸。如果需要了解这种方法是如何工作的，请回顾第6章和第7章，在配对和未配对的图像上训练模型进行图像到图像的转换。

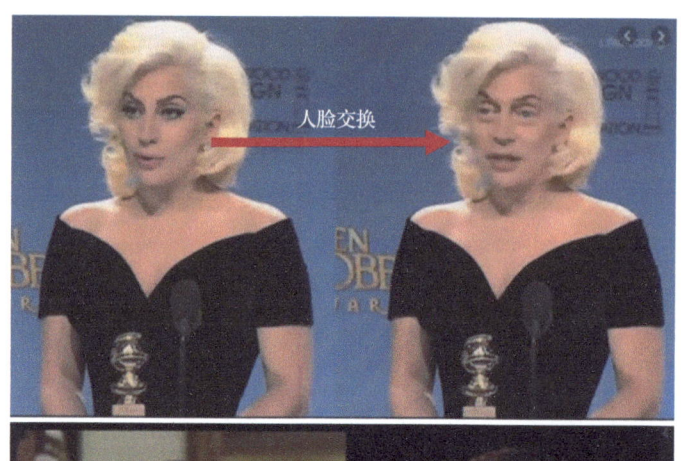

图 10-1　人脸交换和姿势交换的区别

图 10-2 摘自论文《FaceForensics++：学习检测被操纵的面部图像》[①]，这篇论文是展示各种面部检测技术的参考文献，作者慷慨地在 GitHub 知识库中提供了免费的面部操作图像和视频资源，网址是：https://github.com/ondyari/FaceForensics/。

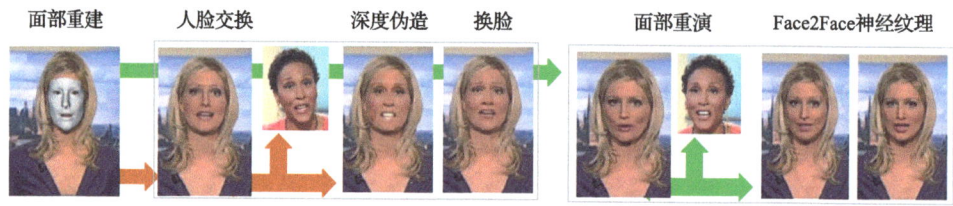

图 10-2　《FaceForensics++：学习检测被操纵的面部图像》面部操作方法细分对比

需要注意的是，《FaceForensics++：学习检测被操纵的面部图像》论文中作者将人脸交换称为深度伪造，如图 10-2 所示。现在也将进行这种区分，并从现在开始把换脸的伪造称为深度伪造，以下是可以进一步阅读的相关参考资源。

---

① Rssler A, Cozzolino D, Verdoliva L, et al. FaceForensics++: Learning to detect manipulated facial images[C]//2019 IEEE/CVF International Conference on Computer Vision（ICCV）, 2019.

(1) 利用视觉伪造图像揭露深度伪造和面部操纵：https://ieeexplore.ieee.org/abstract/document/8638330。

(2) 深度伪造：人脸识别的新威胁？评估和检测：https://arxiv.org/abs/1812.08685。

(3) 深度伪造对品牌意味着什么？https://www.thedrum.com/opinion/2020/01/10/what-do-deepfakes-mean-brands。

10.2 伪造检测技术

近年来，针对深度伪造的检测和识别的研究蓬勃发展，主要原因就是对越来越好的生成模型的恐慌，让大家都受到了很大的激励。正如在本书中所看到的，早期的生成器可以轻易识别出来，而且不需要过于担心。但是近年来，这一切都发生了变化，现在的人类几乎不可能仅凭肉眼就能分辨出什么是伪造的。

然而，对一般生成式建模来说，可以利用同样的人工智能方法来对付它自己。正如在整本书中所看到的，人工智能经常在训练判别器和生成器之间努力取得平衡，还不得不经常对判别器设置障碍，以便生成器可以产生很好的结果。

对深度伪造检测而言，希望构建能够利用各种特征检测方法来识别伪造的最佳判别器。当然，这并不意味着优秀的判别器不能用来对抗训练更好的生成器。事实上，有很多研究就是这样做的。这场"军备竞赛"将如何发展，仍有待观察，但现在可以开始讨论用于识别伪造的方法。

目前，如在《伪造及其他：面部操纵和伪造检测综述》[①]中所定义的，可以将检测和识别深度伪造的方法分为三类：手工提取的特征、基于学习的特征和伪造图像。

这三种方法只是从技术原理上进行了定义，在具体实现方面还需要通过OpenCV图形包等工具组合利用人工智能/机器学习和特征提取技术。

10.2.1 手工提取的特征

在许多深度伪造的视频或图像中，重建特征往往存在明显的缺陷。如果这些缺陷特别明显，创作者往往会使用图形软件对其进行编辑。通常情况下，这些缺陷可能不那么明显，而是作为伪造的标记留在其中。

借助多种技术，人们能够发现这些标记特征，进而处理特征未对齐及人工构建特征问题。例如，一个人在说话时可能会以某种方式倾斜头部，或者只把嘴张开特定的距离。这些特征是个人特有的，很难有效地模仿或转换。

---

① Tolosana R, Vera-Rodriguez R, Fierrez J, et al. DeepFakes and beyond: A survey of face manipulation and fake detection[J]. Information Fusion, 2020, 64: 131-148.

于是，可以通过使用 OpenCV 等软件手工提取特征来测量头部倾斜、眼球运动、嘴唇运动等的程度，从而发现某人说话方式的隐藏特征。然后，应用相似性特征图来比较类似的测量结果，以识别与个人身份一致的人脸或面部姿势。

图 10-3 摘自论文《保护世界领导人免受深度伪造的侵害》[①]，论文中作者分析了使用手工提取的特征来识别深度伪造。图中给出了用于识别说话者身份的手工提取特征的二维可视化图，包括人物甲、人物乙、人物丙、人物丁、人物戊、随机人物和伪造口型的人物乙的 190 维特征。从图中可以明显看出真实的人物乙和伪造口型的人物乙之间的区别。

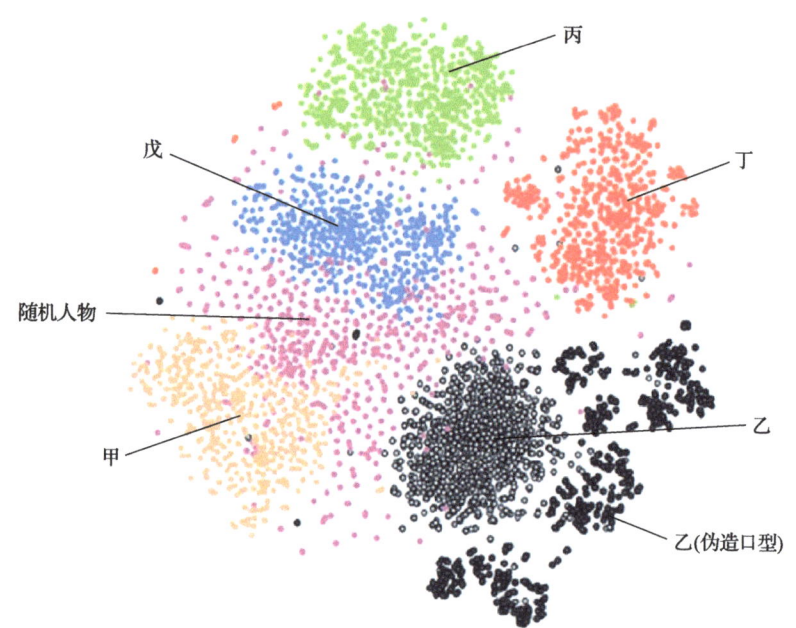

图 10-3　用于识别说话者身份的手工提取特征的二维可视化图

虽然使用手工提取的特征成功地展示出不同说话者之间的明显差异，但仍然存在人为偏见。在理想情况下，想要做的是消除人为偏见，并让模型学习哪些特征可以自行比较。

10.2.2　基于学习的特征

就像利用 GAN 的对抗训练开发的评论家一样，也可以利用 CNN 来识别和学习标记伪造的特征。正如《FaceForensics++：学习检测被操纵的面部图像》论文

---

① Shruti Agarwal, Hany Farid, et al. Protecting world leaders against Deep Fakes[C]//IEEE Conference on Computer Vision and Pattern Recognition（CVPR）Workshops, 2019.

中所展示的，有几种架构已经用于学习伪造特征标记。

图10-4是从《FaceForensics++：学习检测被操纵的面部图像》论文中提取的另一幅图像，展示了用于识别伪造的各种架构之间的差异，包括手工提取特征的使用(Steg.Features+SVM)，对原始图像以及高质量版本和低质量版本精度的测量。在所有情况下，XceptionNet体系架构的结果明显更优，这将在本章的后面继续进行研究。

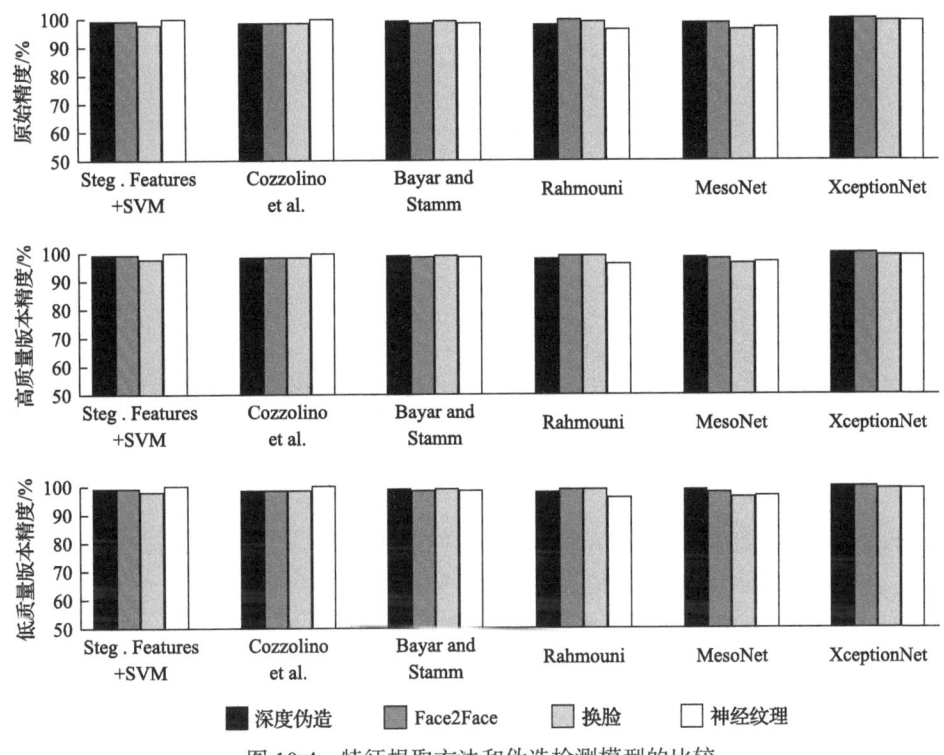

图10-4 特征提取方法和伪造检测模型的比较

使用CNN构建特征学习模型大体上类似于GAN中的判别器。卷积层是大多数对抗模型中主要的特征提取方法，模型的输出是典型的二元分类，即判定图像的真伪。

在论文《GANprintR：提升伪造和面部操纵检测技术现状的评估》[①]中，使用了一种重用各种CNN架构的技术，如XceptionNet，作为放置在自动编码器中的学习解码器。

图10-5是从《GANprintR：提升伪造和面部操纵检测技术现状的评估》论文中

---

① Neves J C, Tolosana R, Vera-Rodriguez R, et al. GANprintR: Improved fakes and evaluation of the state-of-the-art in face manipulation detection[J]. IEEE Journal of Selected Topics in Signal Processing, 2020, 14(5): 1038-1048.

提取的一幅图像，描述了自动编码器的架构，该架构用于去除可能识别图像为伪的特征。该模型通过对真实人脸输入模型进行训练，然后用 EXceptionNet 或其他能识别伪造的 CNN 模型进行解码。

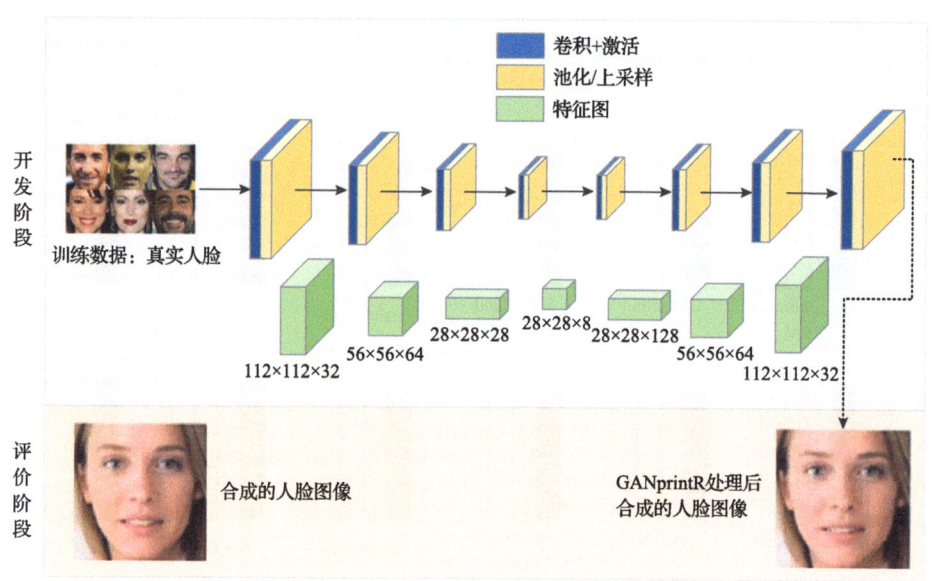

图 10-5　旨在逆转伪造中特征异常的自动编码器

训练真实图像以识别和去除伪造标记的结果可以再次提高伪造图像的质量。然后，可以将伪造图像和内容输入模型中，同样可以从合成图像中去除伪造标记。这只是目前在人脸操纵领域上演的"军备竞赛"的又一例子。

当然，正如在本书中看到的，除了人脸或主要目标外，通常还有其他特征可以明确界定伪造的证据。

10.2.3　伪造图像

除了了解特定特征被成功伪造或转换的程度之外，还可能存在其他暴露伪造痕迹的伪影。回想一下之前在 https://www.whichfaceisreal.com/ 网站上看到的，除了用 StyleGAN 生成人脸之外，还展示了真实人脸的对比。

图 10-6 是从 whichfaceisreal.com 网站上摘录的，作为 StyleGAN 能够生成合成人脸图像的示例。通过观察人脸本身，很难确定真伪。通常情况下，关键是发现图像到图像的伪造图像或背景细节的缺失。

开发能够识别图像中伪造图像的方法也可以为全部或部分合成图像的识别提

图 10-6　StyleGAN 生成合成人脸图像示例

供支持。在论文《GAN 会留下人工指纹吗？》[1]中，作者研究了使用 CycleGAN、ProGAN 等生成合成图像而留下的伪造图像。

图 10-7 给出了从图像标记中识别 CycleGAN 和 ProGAN 的指纹。每幅图像都使用光响应非均匀性模式进行分析，以确定图像是否被篡改或者如何被操纵。

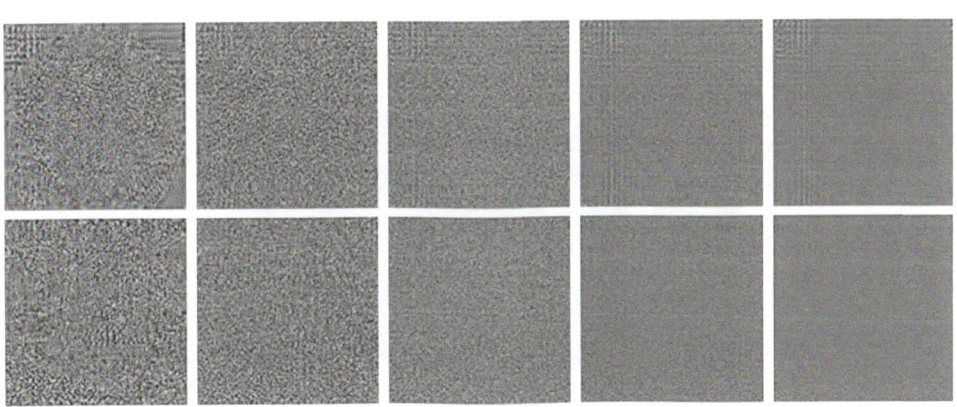

图 10-7　从图像标记中识别 CycleGAN 和 ProGAN 的指纹

根据对模型中图像指纹的研究，可以了解图像的哪些部分可能被操纵。分析图 10-7，还可以直观地看到 GAN 的架构如何进行指纹识别，不同的架构和特征提取生成技术将产生不同的指纹。

作者甚至进一步比较了各种 GAN 架构和用物理相机拍摄的真实图像。应用于

---

[1] Marra F, Gragnaniello D, Verdoliva L, et al. Do GANs leave artificial fingerprints?[C]//2019 IEEE Conference on Multimedia Information Processing and Retrieval(MIPR), 2019.

GAN/相机和训练数据的指纹相关性示例如图 10-8 所示,通过比较指纹的相关性,根据 GAN 的类型和图像的源集,很容易区分留下的标记。

架构	目标/相机模型	缩写
CycleGAN	apple2orange	C1
	horse2zebra	C2
	monet2photo	C3
	orange2apple	C4
	photo2Cezanne	C5
	photo2monet	C6
	photo2Ukiyoe	C7
	photo2VanGogh	C8
	zebra2horse	C9
ProGAN	bedroom	P1
	bridge	P2
	church	P3
	kitchen	P4
	tower	P5
	celebA	P6
StarGAN	Black hair	S1
	Blond hair	S2
	Brown hair	S3
	Male	S4
	Smiling	S5
相机	Nikon-D90	N1
	Nikon-D7000	N2

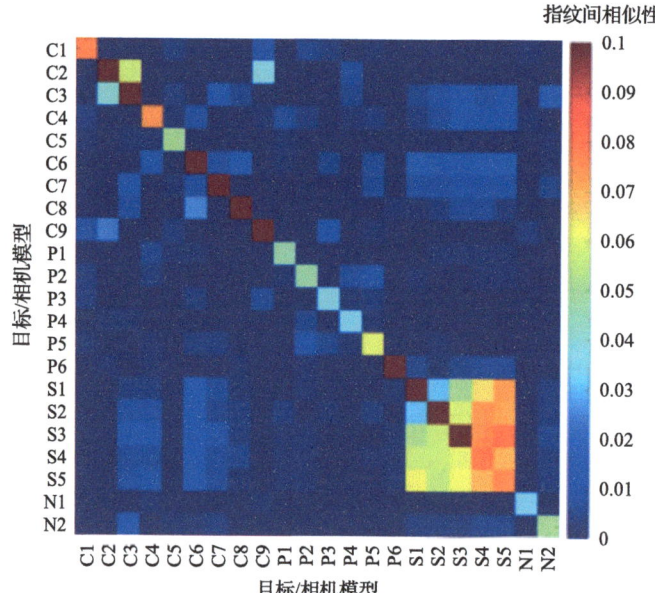

图 10-8　应用于 GAN/相机和训练数据的指纹相关性示例

图 10-8 中，通过对比显示了指纹之间的平均相关性，对角线显示了相同指纹之间相似模型比较的较大值。同样，从图 10-8 中可以看出 StarGAN 被训练用于复现的各种属性变体之间的贴合程度。还可以看出，CycleGAN 很容易识别，但 ProGAN 的情况较难辨别。遗憾的是，没有测试自注意力或 StyleGAN 和 StyleGAN2，这可能会呈现出非常有趣的结果。

无论如何，可以确定的是，根据 GAN 的类型和训练方式，会有可识别的伪造图像留下。很明显，GAN 的架构都会在生成的伪造图像中留下难以分辨的伪造痕迹。

10.3 识别深度伪造中的伪造内容

正如 10.2 节所述，有许多识别深度伪造和面部操纵的策略与方法。前面已经介绍过可使用方法的大类，本节将讨论可以识别实际内容的软件包。

为了简化问题，可以将重点聚焦于先前确定的一类方法，即特征学习器，就是使用 CNN 架构和其他类型来学习可识别合成图像特征的方法。在 FaceForensics++ 的论文中提到，目前最好的是 ExceptionNet，后面也会讨论其他方法。

下面简要介绍比较知名的开源软件包，可以识别深度伪造和其他形式的合成图像。这些软件包使用了各种方法，包括 PyTorch 的特征学习器和 OpenCV 的特征提取器。所有代码都是 Python 语言编写的，因此可以查看源代码。

（1）MesoNet-Pytorch（https://github.com/HongguLiu/MesoNet-Pytorch）：这是一个基于 CNN 架构的模型，通过对伪造图像的训练来学习特征。使用该模型需要各种各样的伪造图像，可以从 FaceForensics++网站上下载。

（2）Deepfake-Detection（https://github.com/HongguLiu/Deepfake-Detection）：这是由上一个知识库的同一个团队和作者完成的。这个实现扩展了模型和训练架构，提供了新的模型变体以及训练和测试模型的有用方法。

（3）Pytorch-Xception（https://github.com/hoya012/pytorch-Xception）：这是在 JupyterNotebook 中使用 PyTorch 实现的 Xception 模型。该示例可以很容易地转换为 GoogleColab，并使用所提供的示例在云端进行训练和测试。Xception 模型是目前识别深度伪造的最佳方法。

（4）DeepFakeDetection（https://github.com/cc-hpc-itwm/DeepFakeDetection）：这个软件包使用 OpenCV 手工提取特征的方法来识别生成图像中不一致的特征。该项目中的示例是在 JupyterNotebook 上开发的，转换为 GoogleColab 应该也很容易。这种方法的额外好处是不需要模型训练，在缺少训练样本的情况下也能发挥作用。

这些软件包的使用和设置都相对简单，但在某些情况下，需要大量的训练数据。同样，这种训练数据主要来源是 FaceForensics++资源库页面，其中有各种各样的伪造合成内容。

目前，在深度伪造检测方面有一个趋势，即可以将几种不同的技术和模型结合起来，提供一个总体的伪造分数，可以代表图像中的人脸或其他内容是否是伪造的更广泛的近似值。如何将这种方法反过来使用，即生成更好的伪造图像，还有待观察。

归根结底，深度伪造和深度伪造检测之间的"军备竞赛"才刚刚开始，哪一方或者什么方法会胜出可能几年内都不会有结果。然而，与实际军备竞赛不同的是，这场竞赛肯定会产生大量的新技术和新策略，这些新技术和新策略将使生成式建模变得更加主流和多样化。在理想情况下，这种多样性可以应用到不同的行业中。

10.4 本章小结

深度伪造的"军备竞赛"只是生成式建模领域爆发式生长的开始，尽管研究人员仍在试图理解创建更好的合成内容的细微差别，但无论应用程序是用于生成人脸或操纵人脸还是其他内容，都需要能够检测到伪造内容。

本章讨论了目前最好的检测方法，即名为 XceptionNet 的对抗评论家模型，该模型采用 CNN 架构构建，类似于 GAN 中的判别器。但是，这种模型不是用真实图像和伪造图像来训练的，而是只使用伪造图像。

深度伪造检测能力的不断提高，反过来也催生了伪造内容评价的新方法。目前，有对抗模型采用 XceptionNet 架构来改进伪造内容，正是这种技术之战的循环使得生成式建模令人兴奋，但也令人恐慌。

在不远的将来，可能识别伪造内容是几乎不可能的，到那时生成器会采用各种反模型，如 XceptionNet，使合成的图像甚至比真实的更好。可能有那么一刻，人类将无法确定什么是真实的图像，什么是伪造的图像。

当那一天到来时，世界对来自领导人的信息、新闻或互联网上图片的反应将永远改变。人们还能相信视频或图像的真实性吗？这将对严重依赖图像内容的媒介，如照片鉴定、法律诉讼和其他机构产生怎样的影响？

事实上，现在正处于数字世界新浪潮的风口，在某种程度上，物理世界也是如此。这个曾经由数字和虚拟媒体主宰的世界可能不得不回到依赖物理交互的时代。在这个时代，亲自见证一场音乐会或政治事件变得更加重要，而不是相信新闻或其他媒体。

正如读者现在可能意识到的，深度伪造只是生成式建模技术应用领域的一小部分。但它很可能长时间处于最前沿，并决定着生成器的发展和使用方式。在其他生成器应用程序能够证明它们是主流且有用之前，这一点不可能改变。

通过对本书的学习，读者可能已经理解并掌握生成器在各种应用中如何使用的技能。虽然目前这些应用大多围绕图像、地图、艺术品或设计作品等，但生成式建模肯定不会只局限于创建合成图像内容。

"使我们变得睿智的并不是对过去的回忆，而是对未来的责任感。"

——乔治·萧伯纳

萧伯纳的这句名言应该有助于指导读者使用和开发生成器及伪造内容。请记住，我们的未来与如何使用这项技术的责任感紧密相连，合乎道德地使用这项技术对每个人的未来非常重要。

生成式建模在全球所有行业的应用都有无限可能性，可能涵盖音乐、文本和其他形式的内容。现在，读者已经掌握了进入内容生成应用领域的技能。作者希望读者能明智地使用这项新技能，并因为了解这种将在未来几年彻底改变世界的人工智能技术而享受到成功的乐趣。

附录 A　本地运行 GoogleColab

Colab 提供了一个功能，即用户可以连接到一个本地文件示例，而不是使用云示例。这对测试模型的部署非常有用，如果您的计算机有比谷歌免费提供的 GPU 更强大的 GPU，并且对云示例不断关闭感到沮丧，那么另一个选择是设置保存和恢复模型的功能，这在附录 C 中有详细说明。

这里的说明只是一个指南，因为随着 GoogleColab 平台的成熟，实际步骤可能会发生变化。按照以下一般准则，让 Colab 在你的桌面电脑上本地运行：

(1) 在您的系统中本地安装 Python 和 Pip。Anaconda 是一个 Python 平台，对于新手和专业人士来说都很适合。您可以在 Anaconda.com 上安装 Anaconda。

(2) 根据选择的平台建立一个 Python 虚拟环境，然后激活它。Anaconda 提供了一个优秀的工具集来创建和激活虚拟环境。具体步骤请参考在线文档。

(3) 使用本文件将 Jupyter 安装到虚拟环境中：https://jupyter.org/install。

(4) 接下来是 PyTorch 的安装。请参考：https://pytorch.org/get-started/locally/。

(5) 在设置好环境之后，请务必按照在线文档启动 JupyterNotebook 的本地实例。还可以通过在单元中执行标准 PyTorch 导入来快速测试您的环境。

(6) 在浏览器中打开 GoogleColab 代码文件，然后单击右上角菜单栏的 Connect 按钮，从中单击"Connecttolocal runtime"，如图 A-1 所示。

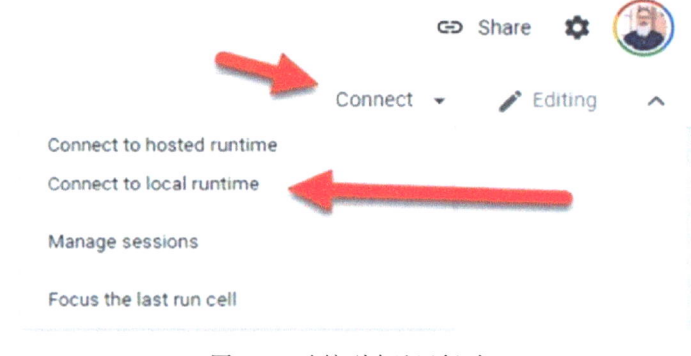

图 A-1　连接到本地运行时

(7) 打开图 A-2 中所示的对话框。按照对话框中的说明进行操作，并确保同时单击说明链接以获得更多的设置提示。

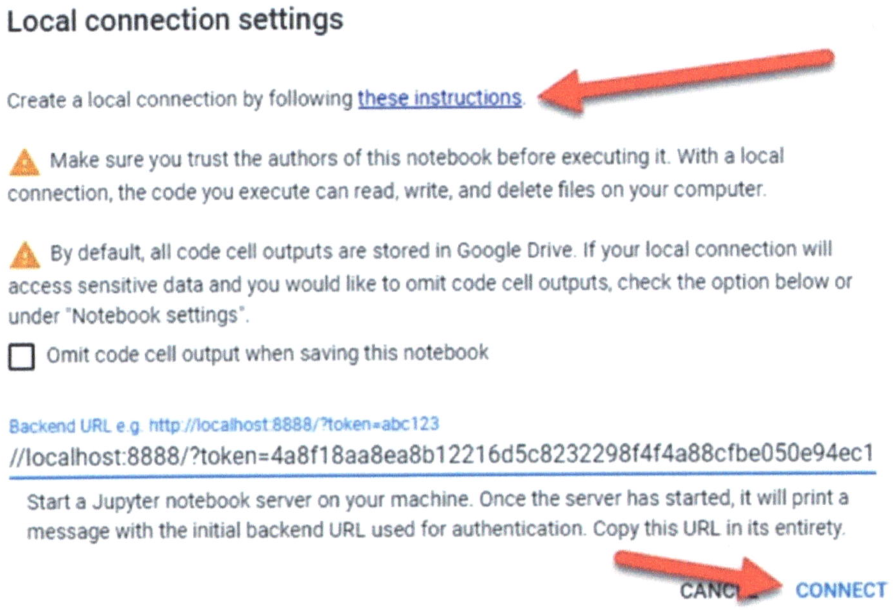

图 A-2 创建本地连接

(8) 需要使用提供的 URL 在本地启动一个新的 JupyterNotebook 示例。当 Jupyter 在本地运行时，可以单击 Colab 中的 Connect 按钮。

(9) 如果安装失败，请仔细检查安装每个组件的步骤。

如果您确实用 PyTorch 在本地运行一个 JupyterNotebook 示例，但与 Colab 的连接仍有问题，请直接下载文件。使用 Colab 中的菜单，选择文件➤下载.ipynb 到本地计算机。这样就可以在本地计算机上的 Jupyter 中直接打开下载的文件。

一般来说，不需要脱机运行文件，如果需要，请阅读说明文件。

附录 B 打开笔记本

从在线 GitHub 库访问和运行文件只需单击几下，如下所示：

(1) 如果需要，请安装 Chrome 浏览器。GoogleColab 通常在 Chrome 浏览器中运行得最好。

(2) 在浏览器中打开 GoogleColab，网址是：https://colab.research.google.com/。

(3) 从菜单中选择文件➤打开代码文件。

(4) 打开对话框后，在 GitHub 选项卡上输入源存储库 URL 的文本，即 https://github.com/cxbxmxcx/GenReality，如图 B-1 所示。

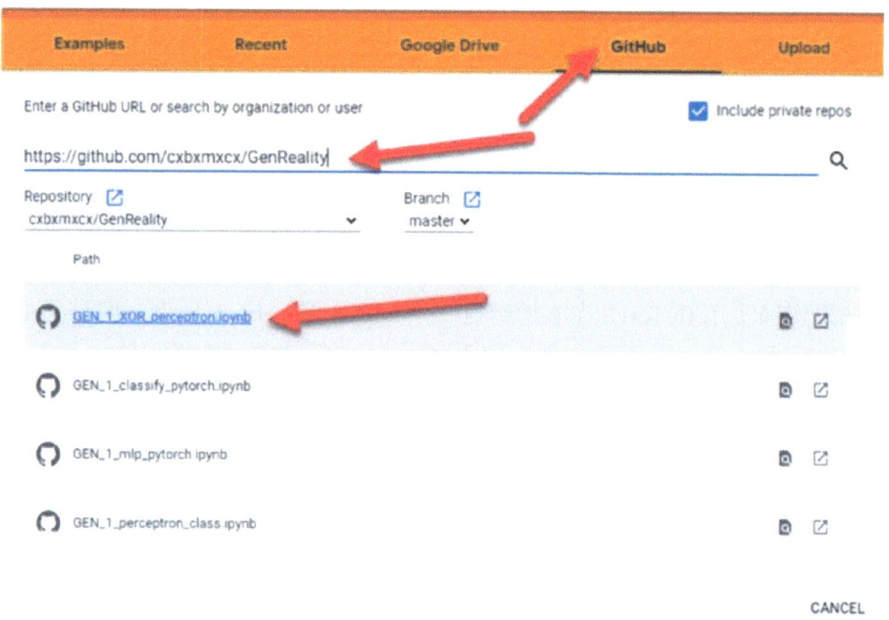

图 B-1 输入 URL

(5) 从资源库的列表中找到要打开的文件，然后单击链接。

(6) 打开选定的文件，可以继续进行练习。

有许多其他选项可以在 Colab 中打开文件和加载文件，这些选项在其他地方都有详细说明。

附录 C 连接 GoogleDrive 并保存

如果正在进行长时间的训练，通常会希望能够在 Colab 重置时定期保存训练的状态。Google 表示一次会话通常持续 12h，这通常被认为是最长时间。您可能会经常遇到更频繁的重置。

注意，保存状态依赖于访问您的 GoogleDrive。开始使用的免费版本提供了 15GB 的存储空间。然而，如果你保存任何数量的模型和输出，可能会很快耗尽并导致 GoogleDrive 冻结，并无法保存，甚至限制您的 Gmail 账户和访问在线 Google 文档。

因此，建议只对单个练习使用保存，如第 8 章中的练习，或者创建一个扩展的 GoogleDrive 账户。扩展驱动器账户每月起价不到 5 美元，存储空间为 100GB。只是要注意，在训练复杂模型时，100GB 还是很容易存满的。

本附录中的说明是指从 Colab 访问你的 GoogleDrive，并为第 8 章中涉及的高级生成器保存状态。向其他文件添加保存状态的功能并不困难，但是需要更改文件路径以及编码来保存正在进行的模型状态。网络上有很多保存 PyTorch 模型状态的示例和文档。

按照以下说明从 Colab 连接到 GoogleDrive，这使得能够在重置后继续运行配置的文件。同样，对于在第 8 章中提到的更高级的生成器，这是一个很好的功能。

（1）将 GoogleDrive 安装到 Colab 的代码如下所示：

```
from google.colab import drive
drive.mount('/content/gdrive')
```

（2）从代码文件单元运行该代码将生成类似于图 C-1 的输出。

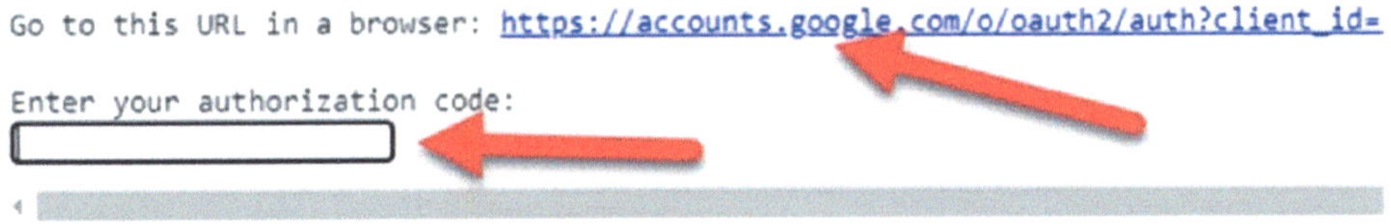

图 C-1 输出

（3）单击该链接将打开一个新的浏览器选项卡，要求用户登录 Google 账户。请按照指示登录您的账户。

（4）完成登录后，系统会提示输入一个代码，如图 C-2 所示。

图 C-2　代码

(5) 点击文档图标,将代码复制到粘贴板。
(6) 返回到代码文件,用 Ctrl+V 或 Command-V 将代码粘贴到授权代码栏。
(7) 粘贴完代码后,就可以通过左边的文件资源管理器访问 GoogleDrive 中的文件,如图 C-3 所示。

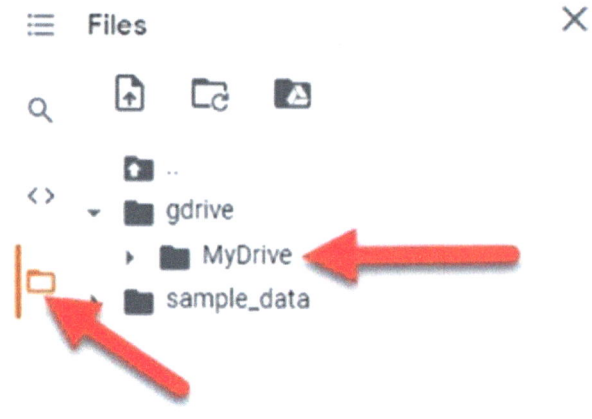

图 C-3　文件资源管理器

(8) 如果连接后看不到驱动器,请确保刷新视图或检查是否正确复制了代码。
保存状态或下载的数据时,有很多方法可以节省重新加载或重置训练的时间。需要注意的是,有可能保存的数据量和模型很大。如果使用的是免费的 GoogleDrive 账户,那么需要着重注意。

如果 GoogleDrive 空间不足,可能无法接收 Gmail 邮件或其他重要任务。可以在浏览器的用户账户页面清空 GoogleDrive 空间,网址为:https://drive.google.com/drive/my-drive。

如果需要清理空间，可以从该页面下载文件和删除文件。请注意，当将文件放入回收站时，它们不会被永久删除。要删除文件并清理驱动器空间，还需要从回收站文件夹中删除任何不需要的文件。